全新增訂版

一收到位

打造出待客、生活、休息都自在的宜人居家

作者——韌與柔生活團隊、橙實編輯部

前言

工作一整天（好死不死還要加班），疲累了一天終於可以下班回家，正想要好好休息放鬆時，一打開燈看到的是這樣的景象……

每天在家裡帶小孩、洗衣煮飯，還要做好多的家事，連自己的時間都沒有了，哪還有閒情逸致收納整理，所以家中總是這樣的景象……

出國旅遊放鬆心情遊玩，幾天的旅程之後，正覺得生活充實人生圓滿之際，一下飛機回到家看到的是這樣的現實……

你家也和照片裡一樣嗎？告訴你一件很可怕的祕密，如果你都不整理的話，3 年後會變成現在的 2～3 倍亂！

家的存在，應該是一個讓人感到自在、安全和溫馨的所在，讓人可以放鬆、可以休憩的空間。但是我們卻在無形之中，不知不覺的把家變成了一個大型儲物空間，堆積了各式各樣的雜物。讓自己被各種物品佔據了生活空間，心煩意亂無法放鬆也無法平靜。

NOTE!

從小沒有人教你收納？父母長輩都會叫小孩收拾東西，但是從來沒有人教你怎麼收東西，所以不會收納是很正常的，千萬不要再責怪自己了！

到府收納團隊，解決你的收納大小事！

「韌與柔生活團隊」是台灣第一間收納服務專業公司，團隊裡每個人都喜歡整齊的環境，是將收納作為志業與專業的一群人。我們每日於粉絲專頁不定時分享收納心法、收納祕訣，每週都會固定分享居家收納實例，透過觀看實例，讓更多人能鼓起勇氣，面對從居家環境延伸到心中的壓力與困難，跨出第一步著手收納，親手解決以前揮之不去的無形壓力！

收納之後，許多客戶跟我們分享了好消息！

- 在家工作的 SOHO 族客戶，馬上接到了大筆訂單！
- 原本餐桌上都是各種雜物，現在終於實現一家人在餐桌吃飯的夢想！
- 原本掛滿了各種衣服和雜物的單人沙發，終於可以重新使用了！
- 收納之後，即使家裡有客人來，也不會覺得不好意思呢！
- 收納之後，開始享受在家的感覺，慢慢覺得有目標且人生更有希望了！

翻開這本書，開啓你的收納之路吧！

現在只要跟著做「3 步驟收納術」，**先將同類物品集中**，再依實用度、使用率及喜好等進行**淘汰抉擇**，最後幫它們**找到適當的「家」定位**即可，就能打造最美好的居住品質！翻開這本書，一起打造整潔的幸福空間吧！

◎ 韌與柔生活團隊

- Facebook 粉絲頁：
  www.facebook.com/firmtenderlife/
- LINE：0963-920-135

本書作者　**韌與柔生活團隊**

目錄

PART 01 實踐斷捨離！最強3步驟收納術

PART 02 收納基礎篇！必學物品歸類整理術

PART 03

收納進階篇！
空間整理技巧全曝光

PART 04

特別企劃篇！
收納實戰運用技巧

PART 01

實踐斷捨離

最強 3 步驟收納術

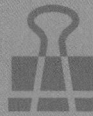

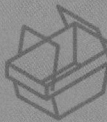

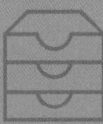

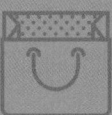

最強 3 步驟收納術，打造乾淨居家

坊間流傳的收納術有許多種，但通常沒有系統化處理，常這邊收好、那邊又亂了。其實只要透過 3 步驟的收納系統，就能讓大家更加掌握物品數量，並有明確的位置，讓家庭空間被有效利用，創造出寬敞整潔的幸福空間！

何謂 3 步驟收納術？掌握「分類」、「抉擇」、「定位」這 3 步驟，就能簡單打造出乾淨整潔的居家環境！

何謂 3 步驟收納術？分類→抉擇→定位

STEP1 分類法

當我們的收納團隊到客戶家中時，首先確認要收納整理的物品跟區域之後，就從**「分類→集中」**開始下手。舉例來說，整理衣物要先把衣櫃裡的衣物全部下架，區分為外套、襯衫、長／短袖上衣、長／短褲、圍巾帽子配件等等。若是小孩遊戲室，則可以依玩具類別、書籍屬性都分類集中。

當物品從家中的各個區域集中了之後，才算完成了第一個步驟。接著才能開始第二步驟**「抉擇」**，依照使用人的判斷，自行決定衣服和各類物品的去留。

很多人都以為這 2 個步驟可以進行得很快速，但其實這是最花時間的收納基本功，佔了總收納時間比例的 70%。如果**分類**做得不確實，在最後的定位上會變得模糊，例如襯衫跟上衣都混在一起，這樣一來既沒有掌握數量也沒有集中。

沒有分類的兒童遊戲室，看起來很雜亂。

STEP2 抉擇法

如果**抉擇**做得不確實，會留下太多不需要的物品，例如若是沒有先評估好自己的置物空間，導致於滿到物品都放不下，這樣在拿取或是收納方面都動彈不得，也無法達成有效的收納。

分類後就明確知道哪些要丟掉、哪些要留下，若是連書籍都依屬性分類，抉擇起來更方便。

STEP3 定位法

前面兩個步驟都做得紮實，接著我們就要慢慢邁向收納的終點「定位」。這個部分會依照每個人家中的收納空間，還有個人的使用習慣來做調整，舉例來說，如果衣櫃的吊衣桿少、抽屜多，規劃時就先以抽屜的空間為主要收納，除了外套、西裝、洋裝、絲質衣物等需要吊掛的衣物外，其他衣物一律摺到抽屜裡。反之，如果衣櫃的吊衣桿多、抽屜少，規劃時就要先以吊掛的空間為主要收納，除了貼身內衣褲、毛衣等需要抽屜收納的衣物，其餘的都可以吊掛。

若以小孩遊戲室來說，則可以依照各玩具的屬性來分類，例如積木益智類、娃娃玩偶類、汽車玩具類等等。**定位之後，就決定了物品的所在之處**，例如上衣有上衣的區域，褲子有褲子的區域，所有的衣物都有自己的專屬區域，穿搭使用都方便，往後要將同類型物品收納時也清清楚楚。

請再次記得：分類（把東西歸類）⇨抉擇（丟掉不要的）⇨定位（把要的東西定位）！

收納流程百分比：分類＋抉擇 70%，定位 30%。

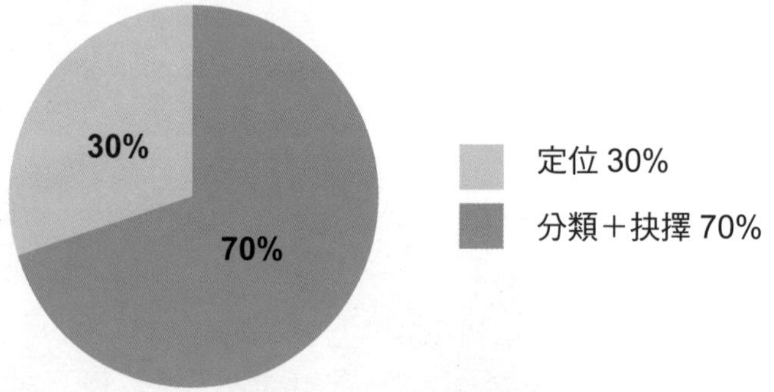

3 步驟收納術 VS. 其他收納方式的差異

許多人工作家庭蠟燭兩頭燒，光是家事都做不完了，更別說要騰出時間來收納。所以有很多人，都想用每天一點、積少成多的方式來進行收納，但是實際上的效果卻跟我們期待的有落差。

➲ 3 步驟收納術，時間相同下卻更有效益

- **3 步驟收納術，建議空出一次完整的收納時間，例如下定決心收納的那天，就空出 5 小時來整理**，這樣可以比較充分的利用這個時間，把所有的物品下架做分類。例如將衣櫃裡的衣物全部拿出來，接著一件一件的抉擇，最後再重新規劃空間定位上架。
- 但是坊間標榜的 **10 分鐘收納法，乍聽起來好像輕鬆無負擔，但是你真的能夠完整的持續 1 個月嗎？**即便真的能持續好了，每天 10 分鐘，光是衣物分類可能就要花 1 個小時了，如果分類到一半就又放回衣櫃，用了 6 天的時間來分類也沒有具體效果。人類是有惰性的，如果看不到具體的成果、沒有收納的成就感，想要持之以恆也很困難。

假設 1 天 10 分鐘、持續 1 個月都不間斷，那麼就是 10 分鐘 *30 天 =300 分鐘 =5 小時。這樣跟一天直接收納 5 小時，做 3 步驟收納術的差別是什麼呢？

➲ 3 步驟收納術，減少重覆整理時間

- **3 步驟收納術的核心，就是一次集中、整理一種類型的物品，減少重覆整理的時間。**收納結束時，我們可以看到具體的成果，這樣會比較有動力去持續，下次可以再從別的物品開始，讓家中的每個空間都可以充分活用！
- 坊間標榜一次整理一個小區域就好，但這樣會面臨的問題是，即使單一的抽屜整理好了，下次整理另一個抽屜，又會遇到同樣的物品又要重新集中，這樣反而耗費力氣在重覆收納同樣的物品。

Column 01

不是「妳」的錯

現代女人太難當了，我們為什麼要逼自己同時成為：賢淑的妻子、溫柔的母親、乖巧的女兒、孝順的媳婦、能幹的員工，然後還要「做自己」？沒有時間、沒有技巧或者不擅長家務，不應該是女人難以啟齒的煩惱！

仔細想想，我們人生中的哪一個階段，有認真的學習過家務了呢？不論男人女人，我們人生中的哪一個階段，有被認真地訓練成一個「完美家事達人」？沒有。尤其在求學的階段，我們或許簡單地學會了一些打掃和烹飪的技巧，但是關於「收納」，我們真的一無所知！

➲ 「不會」才是正常的

沒有人生下來，就知道要斷捨離、知道衣服要怎麼摺最省空間、知道東西怎麼擺放最好看。沒有學習過的事情，卻要我們做到一百分，沒有道理。

➲ 「誤解」源自於無知

因為歷史和社會因素，不得不承擔家務的女人們，在組成家庭（尤其是養育子女後），很快地發現「收納」與「清潔」截然不同！馬上面對：「不知道怎麼收納」的困境，然而旁人的誤解和自己的心魔，經常是難以跨越「請別人幫忙」的那一步。因此坐困愁城，每日陷入整理與收納的煩躁之中。

➲ 做就對了

要用簡單的話語和第一次聽到「收納」的人，解釋收納的「必要」和「重要」，即便是已經滾瓜爛熟的我們，也是百般思量、練習後不斷修正才能進行有效的溝通。「請試一次吧！」與其費盡唇舌甚至演變成夫妻吵架，不如趁丈夫（公婆）不在家的時候，一鼓作氣進行改變！

收納後會讓家裡變得清爽整潔、東西一目瞭然、全部煥然一新，而且到目前為止我們沒遇過因為這份「美好改變」而大發飆的家人。

➲ 收納的神奇魔法

「我終於不再因為上班前，幫老公找衣服找到快遲到而吵架」。

「孩子現在都會物歸原位」。

「媽媽拿東西不用再爬上爬下」。

「從此改變了囤積的習慣」。

以上這些都是在收納後，客戶真心的告白，我們很珍惜也希望可以與妳分享這些感動！

收納STEP 1——分類集中

收納的基本功，首先就是要做好物品分類集中！

如果沒有分類，會造成：

- **東西找不到**：環境變得凌亂之後，要用的東西永遠找不到，或是花很多時間在找東西。
- **重覆購買**：重覆購買或是東西放到不能用，造成無形的浪費。
- **雜物堆積**：收納困難的開端就是因為物品分散，同類型物品沒有集中，物品沒有好好的定位，所以就開始變得凌亂甚至髒亂。
- **視覺上凌亂**：物品太多看起來凌亂，也不敢邀請別人到家裡作客，心情不好，自我責怪。
- **空間縮小**：擠壓生活空間，物品變成主體。

物品沒有分類管理，是造成空間雜亂、東西浪費的主因。

反之，透過收納第 1 步驟，將東西分類的好處是：

- 勝 不會浪費時間找東西。
- 勝 可以掌握物品的數量跟位置。
- 勝 知道何時要補貨，不過多的囤積。
- 勝 數量過多會清潔不易，數量減少則清潔便利。
- 勝 視覺上井然有序，心情也舒暢。

掌握 2 大關鍵，輕鬆做好物品分類

關鍵 1：空出時間

收納需要時間，或許你常聽到「1 天 10 分鐘收納」這種收納法，乍聽起來很美好輕鬆，但是實際上效果有限，就算持續 1 個月房間的變化也不大，物品一樣零散無法詳盡有效的分類。如果一時之間無法看到收納帶來的改變，會覺得沒有成就感、沒有意義，也會導致無法持之以恆。

首先，**下定決心收納前，建議至少要空出半天或是一天的時間，才能體會一次具體有效的收納成效。**分類時，光是集中所有衣物，可能就要花上 1 小時甚至更多時間，所以需要一個完整的時間才能把同類型物品集中，這也是收納中最花時間的部分。

分類時，光是集中所有衣物，可能就要花上 1 小時甚至更多時間呢！

關鍵 2：集中類型

一次一類，不要以單一抽屜或是區域進行，舉例來說，單一抽屜裡面可能放有燈泡，單獨整理了一個抽屜之後，下次遇到燈泡又要重新集中，這樣反而耗費力氣。建議一次將同一類型物品全部集中再做分類，例如：燈泡、電池……等。

把所有相同物品的東西拿出來分類集中，才能進行下一個收納步驟。

Tips: 全部分類抉擇後，再將物品定位！

猜猜看，你擁有多少杯子、圍巾……？分類之前，先猜一猜我們覺得自己所擁有的各種物品數量有多少，接著再看看和實際數量相差多少。真相可能會遠遠超過你的預期，讓你大吃一驚喔！所以，分類到一半的時候，先別急著把物品放回抽屜或是收納空間，以免又要重新分類！

收納STEP 2——抉擇丟掉

重新檢視自己的生活使用習慣，以**自我**為主體而非以**物品**為中心，不考慮能否使用，而是自己想不想使用、會不會再用。畢竟，身邊所有的物品都是為了自己而存在的，如果失去了這個最重要的因素，那也沒有存在的必要了。

➲ 有感情的最難割捨

大家都認為幫別人整理很容易，因為丟掉別人的東西沒有情感連結所以很簡單，但是當主角換成了自己，卻很難下手還猶豫半天。我們對於自己的所有物常常帶有回憶還有感情，例如這是我出國特別買的、那個是我預備要用的、這是別人送我的……等。

自己以為的寶貝常常是別人眼中的垃圾，最難抉擇的總是自己的物品，道理人人都懂，但是要真正做出決定，還是只有自己能幫自己。不要再用各種謊言欺騙自己了，事實上，「那個不會再用了、那個你根本不喜歡……那個別人送禮的心意收下就好了，不要讓別人的好意變成自己的負擔跟藉口。」**當你以為的寶貝變成囤積的行為時，即使再昂貴的東西都沒有價值。**

➲ 不丟別人的東西

就如前面所說，自己以為的寶貝常常是別人眼中的垃圾，對別人來說什麼是重要的，我們無法幫別人做決定，因此也不鼓勵丟棄別人的物品，尤其是家人之間更可能會造成不必要的紛爭。我們建議的方法是，整理家人的物品時，可將他們的物品集中之後，再請對方自行判斷！

➲ 抉擇影響收納速度

收納速度的關鍵時刻就在這個步驟當中，如果抉擇快、淘汰多，那麼收納起來就事半功倍；如果抉擇時猶豫不決，留下太多無用之物，到後面的規劃跟定位就會花費更多時間，收納效果也可能大打折扣。

我們曾經遇過 1 個小時就丟掉 8 大袋衣物的客戶，也遇過花了 2 個小時還無法抉擇完自己衣物的客戶。兩者對照，你覺得哪一方會進行得比較迅速呢？

如果覺得自己卡關太久決定不了的話，不妨先讓自己休息一下喘口氣，好好地回想自己的**收納目標**是什麼，想要營造什麼樣的居家風格。先為自己打打氣再繼續向前邁進，只要開始收納一定能看得到成果，不要輕言放棄喔！

抉擇後便可將物品歸類好，定位出專屬的位置，往後要將同類型物品收納時也清清楚楚。

該如何抉擇？各類物品抉擇技巧

5 大困難抉擇排行榜

No.1	No.2	No.3	No.4	No.5
衣服	書籍	電器	3C 用品	備用品

➲ 衣服

上班時的穿衣搭配可能是依照公司規定來穿著。反之，休閒假日時的裝扮才是自己最喜歡且最自在的穿衣風格。例如：領帶有 20 條，但是常用的只有 3 條；高跟鞋有 15 雙，但是常穿的卻是球鞋。將不符合自己需要的淘汰之後，要好好提醒自己**下次看到周年慶或是跳樓特價也別再買了。藉由這個方式來省視自己的衣櫃，淘汰不屬於自己的風格。**

NOTE！
吃喜酒、告別式等特殊場合的服飾，依照使用頻率，建議留下最多3套可以通用搭配的即可。

將全部物品分類集中後，就知道自己的物品是不是已經超量了。

➲ 書籍

- 先**從過期的雜誌期刊開始淘汰**，5 年前的服裝髮型流行趨勢、3 年前的股票預測都已經不再適用了，先將有**時效性**的書籍做篩選。
- 再來是學習書籍——尤其是語言類！放在書架上只是給自己學習的藉口，如果 1 年內都沒有翻閱就應該淘汰。畢竟現在網路上語言學習的資源很多，若是真的有心學習，也未必需要課本才能學習。

不會再翻閱的書、已經閱讀過了的書籍，也知道自己不會再看了，就請好好地跟它說再見吧！其他書籍例如：小說、漫畫、工具書（理財金融、健身、瘦身、料理）、星座、課本、課程講義……等，可以藉由這些書籍，慢慢檢視自己的閱讀狀況，半年沒看或是不再感興趣的書籍都可以淘汰了。

NOTE！

擁有書籍不等於擁有知識，留下真正會閱讀的書籍，才能變成屬於你的知識。

➲ 電器

- 廚房的門是不是永遠只能開一半，後面的一半被堆積的家電擋住好久了？環顧家中是否在某個角落藏有鬆餅機、果汁機、烘焙機、副食品調理機（小孩長大即可轉贈）、豆漿機、製麵包機、咖啡機……等。
- 購買這些家電時，可能是一時興起，幻想著某種在生活中的情境發生，但是實際的使用情況卻是準備過程繁複，還有要面對清潔整理的麻煩，反而漸漸減少使用的頻率。**建議將功能單一、不常使用的機器，都藉此機會淘汰吧！**

好好的檢視家中的電器，將不常使用的機器都淘汰吧！

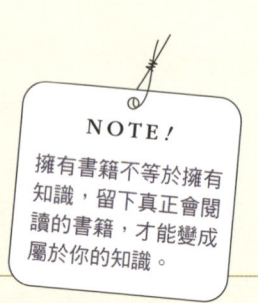

3C 用品類

- 多數家庭都會留著使用方式不明的電線、舊手機、舊相機、翻譯機、CD、DVD、錄影帶、錄音帶、磁碟片、電腦零件……等。但 **3C 科技類的產品推陳出新，許多舊款的機器或是電線若是已經不能通用即可丟棄**，即便淘汰了也不會造成太多困擾。

> 例如：現在已經鮮少有人使用舊型的卡帶聽音樂，所以卡式錄放音機還有卡帶都可以淘汰，而舊型手機現在也普遍不用，可以淘汰了。另外，電腦零件需要看電腦型號能否通用，否則也應該丟棄。

備用品

衛生紙、牙刷、牙膏、沐浴乳、洗髮乳……等，**建議預留的數量不超過兩個月。**生活在現代社會，無論超市、超商或是網路購物都很便利，即便家裡真的用完了，也很容易購買取得，所以不需要過度囤積，購買過多反而讓居住空間受到壓迫，本末倒置。

包裝盒

各種電器、手機、商品……等等的包裝盒是最佔體積跟空間的，將盒子內的物品拿出來使用，盒子也不再需要留下，建議留下期限內的保固卡，全部用透明夾鏈袋集中即可。其他還有**免洗餐具碗盤、文具（贈品）、醬料**……等，大多可以選擇丟棄。

多出來的外食醬料包和免洗餐具等，大多可以丟掉，以免放到過期而孳生蟲害。

回憶類物品

照片、信件、旅行紀念品等，這些回憶類物品在抉擇時，很容易開始回想而干擾收納的進度，因此要放到最後來處理。通常大家的作法，都是將回憶類的物品集中放在一個袋子或是箱子裡面，然後找一個角落堆積，接著在往後的人生中再也不會翻閱了。我們**建議只把最具代表性的物品留下，其他一律淘汰。**

NOTE!

掌握「有進有出」，讓家中的空間跟物品變成活動的流水，而不是靜止的死水。居家空間也需要流動的活力，這樣身邊的物品就不再是萬年不動產。

收藏品

醒醒吧……你不是在收藏，而是在囤積！很多人假借收藏之名行囤積之實，真正的收藏家，會把所有的收藏集中擺放展示出來，而不是東一個、西一個的藏匿（如底下圖片說明）。

真正的收藏是集中擺放，並展示出來（圖 02）；如果只是放在盒子裡藏匿起來，只是在囤積（圖 01）。

圖 01

圖 02

Tips: 抉擇是為了營造出想要的空間！

考量自己的收納空間，如果物品佔據的空間已經壓迫到自己的生活空間就是反客為主了。即便再大的空間都是**有限**的，審慎的抉擇是為了營造自己想要的生活空間。

收納STEP 3——定位回歸

定位的重要性在於幫物品找到適當的位置，依據個人的使用習慣跟頻率，再對照自己家中的收納空間來決定如何納入空間。確定了位置之後，就要養成物歸原處的使用習慣，如果日後發現物品數量增加、空間不夠要變更位置時，亦不可將同類型物品分散收納，先找到適當大小的空間，再一次全部集中變更定位。

準則 1：一目瞭然法

收納的目標之一，就是為了讓整個空間的規劃更明確，所有物品一目瞭然是為了讓拿取跟收納都更便利，如果收納之後還要東翻西找就是無效的收納。

把所有東西都擺出來，卻沒有整齊收納，看起來並沒有一目瞭然，反而雜亂無章。應先確實分類擺放後，才有系統化的定位。

整理衣櫃時，可以把衣服的特殊圖案突顯出來，這樣一打開抽屜時，就可一目瞭然。

準則 2：聯想法

相信大家都有遇過這種情形，正在廚房做菜的時候突然電話響起，拿著的醬料罐就隨手一放，講電話去了。時間久了，這些隨手一放的東西就漸漸地佔滿檯面，一眼望去到處都是東西整個亂成一團。

當中很重要的原因就是**家中物品位置動線不佳**，例如：做菜要用到的工具，沒有放在我們做菜的位置，常常要繞過一個餐桌去拿，做好了又要繞過餐桌放回去，覺得麻煩當然就常常隨處亂放了。

所有**物品在定位時都要考慮使用地點，依照使用的區域就近擺放，這是為了減少使用時的來回走動，也不用花時間和腦力記憶物品的位置**。例如：鑰匙、口罩放在玄關，出門時可以直接拿取；影音光碟就放在電視影音專區；燈泡、電池有電有光，就放電視電器附近……依此類推。

聯想法活用祕訣

➲ 玄關→放鑰匙、印章、帳單、零錢、發票、會員卡、口罩……等。

出門會使用的口罩、繳費帳單，還有拿掛號信時會使用的印章，直接放在門口就近定位，才不會郵差先生來了，還匆匆忙忙地跑回房間找，然後火速衝到樓下，搞得緊張兮兮。

玄關處可以放鑰匙、收發印章等，方便取用。

➲ **客廳→放電視、影音光碟、電動遊戲機、電器保固說明書、電池燈泡工具……等。**

因為就近電視電器，所以將相近的物品集中。

➲ **鞋櫃→放鞋油保養、鞋拔、鞋墊……等。**

只要是在皮鞋上使用的保養用品，就可放入鞋櫃收納，穿鞋用的鞋拔也是。

➲ **書桌→書架、文具、文件、學校課本……等。**

跟文具、文件相關類，當然最佳位置是放置於書桌上。

➲ **廚房→**

⊙ **鍋子、鐵金屬類：**這類跟火相關的用具放在瓦斯爐下。

⊙ **做菜的各種醬料：**放在瓦斯爐旁站立可以拿到的空間。

⊙ **會碰到水的清潔物品、菜瓜布、鋼刷：**放在水槽下。

⊙ **水杯、午茶組、茶葉、咖啡粉：**放在飲用水的熱水瓶附近。

⊙ **飯碗、筷子湯匙：**放在靠近飯鍋的地方。

⊙ **保鮮膜、保鮮盒：**放在冰箱附近。

鍋具放在瓦斯爐下方的櫃子，方便取用。

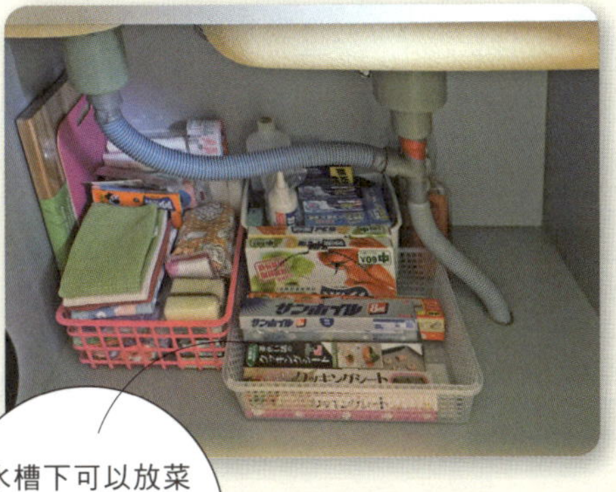

水槽下可以放菜瓜布、鋼刷及清潔用品。

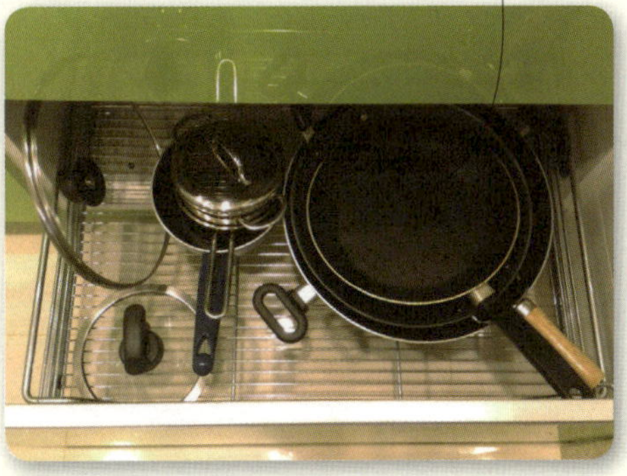

準則 3：直覺法

依照使用的直覺決定定位，例如：沖泡飲品就近熱水器，以此類推。以頂天立地一整面牆的收納櫃來說，等身高的中間區域不用爬高、不用蹲是最直覺的使用區域。

準則 4：物以類聚法

將同一類型物品全部集中吧！

將同樣的物品擺放一起收納，會更整潔。

準則 5：保持 7 分滿

如果整個收納空間都塞得滿滿的，全是物品很容易讓人感到壓迫，而且物品還有增加跟流通的可能性，所以要預留一定的空間來流通。以空間的比例來說，**最好的比例是收納 7 分滿、保留 3 分空間**。但要注意！若是看得到的桌面或是檯面，則建議採用相反的比例，擺放 3 分空間、保留 7 分空間，這樣才有使用的餘裕。

BEFORE

BEFORE

AFTER

AFTER

將雜亂的書桌整理乾淨，釋放出應有的空間，便能回復書桌原有的功能。

準則 6：商品展示法

收納不只是把物品放到空間裡，也可以讓自己的家以百貨公司專櫃、商店展示品的方式來呈現喔！

將吊掛的衣服依顏色分類，看起來整齊乾淨。

準則 7：適度增加擺飾與裝飾品

收納完成後，就能增添擺飾、照片裝飾品等，營造居家風格。

適度擺放擺飾、裝飾品，能更呈現出個人的居家風格。

Column 02

物品去留的原則

請一心一意地想著「現在」。

☑ 這個退流行的包包，我「現在」會揹出門嗎？

☑ 這條太緊的褲子，我「現在」穿得下嗎？

☑ 這些過期的雜誌，我「現在」有拿來看嗎？

☑ 孩子幼稚園的英文書，他「現在」會複習嗎？

☑ 去旅遊買的紀念品，我「現在」有拿出來擺嗎？

沒有它，我「現在」的生活會更好！

其實，只要多問自己幾次這種問題，若猶豫超過 2 秒（沒錯就是 2 秒！），馬上就知道丟棄了也無所謂。那些堆積雜物、衣服、玩具、書籍，佔據家裡的空間，使生活變擁擠，更讓我們對「未來」產生盲目的期待。

◎ 減肥下來就可以穿了 ➲ 其實根本無心減肥 ➲ 反覆做不到的承諾 。

◎ 暑假可以幫小孩複習 ➲ 已經過去一個月了，那些書從沒動過。

◎ 這包包會再流行回來 ➲ 流行會不會回來不知道，新買的倒是不少。

◎ 是法國買的紀念品耶 ➲ 話雖如此，也只是堆在櫃子的深處。

人們總是會對物品產生「不理性」的判斷，進而催眠自己「還會再用到，丟了太可惜」。甚至有些人還會用「浪費」綑綁自己，好像丟棄不要的東西，是犯下滔天大罪！然而，說得嚴肅一點，留著無用的東西，佔據自己居家的空間和生活，才是真正對不起自己。自己用不到的東西，捨不得它流通出去，發揮用處的話，事實上「囤積著，才是真正的浪費」！

Tips: 收納完成！持之以恆的小祕訣

在整個收納的過程結束之後，最後驗收成果的動作也很重要唷！我們收納團隊每次進行收納時，都會做的一件事情就是——**拍照**。透過鏡頭直接去檢視，記錄收納前、收納中、收納後的過程，這樣可以具體的看到收納帶來的差異跟變化，收納起來也會更有成就感，有了成功經驗之後，對收納的印象也變得正面，往後也比較能持之以恆！

➲ 收納前

先拍攝整個房間的**全景**，可以看得清楚整個空間的格局還有家具的陳設，接著再慢慢拉近鏡頭拍攝收納的**主題**。假設整理的是衣服，就拍衣櫃，整理書籍就拍書櫃……以此類推，再來拍攝**局部**，把衣櫃的門還有抽屜通通都打開拍攝清楚，看清楚原來的擺設方式。

➲ 收納中

所有物品下架之後，平常應該很少有機會能看到空的衣櫃，這時可以捕捉難得的景象。分類的過程中，將所有物品分類的數量紀錄下來。

➲ 收納後

如同收納前一般先拍攝整個**全景**，接著拍攝收納的**主題**，最後拍攝**局部**。這樣可以直接對照收納前跟收納後的差異。

NOTE！

把要捐贈、要丟棄或是要送人的物品，通通大集合來個大合照吧！好好檢視自己擁有了多少不需要的物品，心懷感激的歡送他們離開自己的生活吧！最後，你就可以好好享受，收納帶來的舒適新生活了！

美好的生活，從「收納」開始

你有想過為什麼要進行「收納」的動作嗎？當你工作一整天身心俱疲，回家正想要好好休息放鬆時，卻看到這樣的景象……椅子上堆滿衣服、桌上擺滿吃剩的零食或沒有歸位的各種遙控器、充電器等，相信你的心情一定更加「阿雜」。

家的存在，應該是一個讓人感到自在、安全和溫馨的所在，讓人可以放鬆、休憩的空間。但是我們卻在無形之中，不知不覺的把家變成了一個大型儲物空間，堆積了各式各樣的雜物，讓自己被各種物品佔據了生活空間，心煩意亂無法放鬆也無法平靜。

你家也和照片裡一樣嗎？如果你都不整理的話，3 年後會變成現在的 2～3 倍亂！

杜絕「收納殺手」，打造乾淨空間

家裡是不是總有某些物品，你是抱著「多拿一個也沒關係吧！」的心態拿回家的呢？這些貪小便宜、看似無傷大雅的小東西，因為取得容易，所以會不斷地出現、增量，於是這些東西進到家裡來的速度，永遠比使用的速度快好幾倍！

將這些無意識的物品帶進家裡後，只會無情壓縮你的生活空間，這些物品就是堪稱為「收納殺手」的精銳部隊。當你家中的收納殺手數量、種類越多，收納之路就越來越困難了，快來盤點哪些是家中的收納殺手吧！

收納殺手 1：袋子類

➲ 塑膠袋

出門買菜、買路邊攤服飾、到五金行買替換用品、路過便利商店買個小點心、到便當店外帶一個午餐、到飲料店買一杯飲料……。你是否有數過，一整天下來會得到幾個塑膠袋呢？這些塑膠袋通常都是一次性使用，因此總是認為它們可以裝垃圾再利用，便把它們集中收起來。

但是塑膠袋就算折起來，也會因為材質關係變成一個大球相當佔空間，而且它取得的管道過度容易，使得家中擁有用之不竭的數量。**試著拒絕再拿多的塑膠袋回家吧！帶個固定的購物袋，不僅阻擋收納殺手潛入家中，也能為環境盡一份心力！**

紙袋

紙袋壓扁看似不佔空間，蒙蔽了對數量的判斷，其實數量一多，它也是非常佔用空間的收納殺手！建議隨身攜帶環保袋，若有需要使用紙袋，建議家裡維持 1 ～ 5 個就夠了。

紙袋建議依大中小數量分類，各維持 5 個即可。

環保袋

環保袋因為要重覆使用，材質建議選擇較為堅固的，但是許多店家常以環保袋做為贈品，因此取得方式也日漸容易。數數看，你家有幾個環保袋？若每天使用一個，每天用不同環保袋交替使用，需要幾天才能用完一輪呢？我們很肯定用環保袋代替塑膠袋的正面心態，但若囤積過量，環保袋最終仍會淪為收納殺手喔！

利用環保袋代替塑膠袋是很好，但如果量過多也會淪為收納殺手。

收納殺手 2：紙箱與盒子

舉凡宅配紙箱、商品外盒等大大小小的盒子，都是佔用家中收納空間的元凶之一，且盒子尺寸不容易收納，盒內空間也會被迫成為閒置空間。

「也許未來寄東西會用得到呀！」但現在手邊就有這麼多了，到未來真的需要時，絕對不會找不到紙箱可用吧？建議到那個未來再去拿，把生活空間留給現在的自己吧！

那麼有些人會說，佔空間的是大型紙箱吧！那小紙盒呢？其實小紙盒也是相當棘手的收納殺手！某大品牌的商品紙盒、十年前買的小家電外盒、舊手機經過精緻印刷的包裝盒等等……你把這些小紙盒也留在家中了嗎？手機、小家電這些東西，幾乎每天使用，也不會再將它放回到紙盒裡了，那麼留著紙盒的原因是什麼呢？

留著紙盒其實有一部分是出於「因為它是大品牌的商品，當作紀念品留下」。另一部分是「也許之後可以當小收納盒用吧。」你是不是總能為它們，找到千千萬萬種留下的理由呢？但仔細想想，這些盒子已經躺在櫃子裡多久了？假設用得到的那一天已經到來了嗎？如果沒有的話，這些擁有精美印刷的中小型紙盒，其實已經成為收納殺手，一步步又無形地侵占你的生活空間了！

想想看這些留下來打算未來可以使用的紙箱、紙盒，已經躺在櫃子裡多久了？假設用得到的那一天已經到來了嗎？

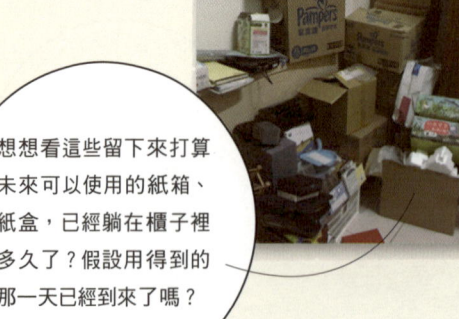

收納殺手 3：免洗餐具與衛浴小物

餐廳給的免洗筷多了一把帶回家、旅行時到旅館，把牙刷牙膏沐浴組當作紀念品帶回家、買飲料多抓了一把吸管帶回家……仔細想想，自己到底帶了什麼回家？這些家裡本來就有的盥洗用品，其實回家後根本就不再使用，只是多製造垃圾罷了！

➲ 免洗餐具

筷子、湯匙、碗、杯子、盤子、叉子、吸管……這些免洗用具，因為不用清洗、用完即丟的特色讓你覺得很方便，但如果這次沒用到，便順手將它們帶回家，下次又拿到新的了。這樣你還會想到躺在抽屜裡的那一大把免洗筷嗎？是不是這次沒用到，你又把它們再放進抽屜裡了呢？

打開抽屜一看，如果裡面躺著免洗餐具，這就代表自己根本不需要再拿任何的免洗餐具了！因為家裡已經有堅固好用、美觀的瓷盤鐵叉，說實話免洗餐具對生活及空間只是個負擔。狠下心將所有的免洗餐具丟掉吧！這時候你會發現空了一個區域、一格抽屜可以收納更實用的物品！

外出用餐時，建議帶著自己喜愛的不鏽鋼專屬餐具，既環保又比使用免洗餐具更健康！

Column 03

收納大告白：我家也有捨不得丟掉的「無用物」

盤點家中無用物

☑ 各種公仔、玩偶。

☑ 求學階段的獎狀。

☑ 家裡寵物早就沒在玩的玩具。

☑ 學生時代的制服、畢業紀念冊。

☑ 信、卡片、照片、明信片。

☑ 第一份工作的名牌。

☑ 早就沒在練的吉他。

這些東西，光寫出來就叫人無法丟棄，如果有一天能夠狠下心來丟棄，可能家裡視覺上會非常寬敞吧！

因為「心動」所以我願意好好保存

「真的沒有用，可是我好喜歡，可以不要丟掉嗎？」

「當然，讓我們收納整齊，好好保存它吧！」

精心挑選的公仔 ➲ 在收納整潔的居家可以漂亮的陳列，每天看到都好開心。

求學時的獎狀 ➲ 偶爾翻看，激勵了長大的自己。

小孩襁褓時的衣服 ➲ 保留一件，紀錄初為人母的感動。

早就沒在練的吉他 ➲ 為了把妹而學的吉他，讓我回想起求學時的青澀時光。

雖然沒有什麼用處，可是看著它心情就很好，這就是「心動」的感覺。這些令你「心動」的東西，蘊含著快樂時光的回憶，源源不絕地為你帶來力量，更應該妥善照顧和保存，這才是「收納」的真諦，這就是「幸福」！

收納不只是丟東西

正因為空間有限，我們才要把每天最重要的居家空間，留給最愛的事物，不是嗎？

希望每天睜開眼，看見的都是令你心動的東西；每天回到家，迎接你的是舒適自在的環境。

➲ 旅館免費沐浴用品

高級旅館的沐浴用品因為是免費備品，很多人住旅館時總是會順手將這些物品帶回家。「外出時還是備用一組沐浴用品比較好吧？」、「要是去的地方沒有牙刷怎麼辦？」、「我帶自己的牙刷會弄丟，不如就帶旅館的備品吧？」請你打開抽屜，看看自己免洗備品的數量，就知道你擔心的事情根本就不存在，而且抽屜裡的免費備品數量，是不是一直在增加呢？

想將免費備品斬草除根，建議「使用自己喜歡的一組專用刷具、沐浴用品」。因為各類免費沐浴用品製造成本低廉，用料較為粗糙，其實使用起來不會特別舒適，不如就戒掉順手拿的習慣，沐浴時使用自己精心挑選的沐浴組、沐浴球，被喜愛的物品環繞，身心反而更清爽舒暢！

收納殺手 4：舊寢具

枕頭棉被也是收納殺手？沒錯，任何材質的棉被、枕頭體積都相當大，除了目前正在使用的棉被外，通常家裡也會準備換季用的備用寢具組，再加上百貨公司等店家常以棉被、枕頭作為贈品，家中容易會堆積過多的寢具，硬生生地壓縮家中的生活空間。

一般來說**每個人以 3 件棉被替換為最大數量，一家五口最多也只需要 15 件**，若是堆放到有 20 ～ 30 件，無疑只是讓收納殺手在家中肆虐。趁機檢視一下，家裡是否已經有棉花結球、棉被枕頭表面泛黃、枕頭塌陷等問題的寢具呢？淘汰掉過舊的棉被枕頭而使用新的，不僅喚回了健康，也讓家中的空間獲得釋放了！

Column 04

原來是椅子

「聽說每個女孩的家，都有一張這樣的椅子？」

下圖的椅子是雜亂 VS 乾淨的對照圖，

妳家是哪張椅子？

覺得身中數箭的女孩不要慌張！

趕快想辦法找回消失已久的椅子吧！

然後就能勇敢地、大聲地說：「我家沒有！」

收納殺手 5：杯具組

早上起床喝杯水、吃早餐喝杯熱咖啡、下午茶泡個奶茶來喝、吃晚餐再倒杯飲料來喝、睡前喝杯熱牛奶暖胃……一整天下來，你用了幾個杯子呢？從保溫杯、運動水杯、環保杯，到磁杯、馬克杯、玻璃杯，大大小小各種材質的杯子，擺在家裡無形中已經佔據了好多格抽屜櫃子？

各種杯子的形狀都不太相同，而且杯子內中空的空間也被迫成為閒置空間，甚至大部分的杯子還無法堆疊只能平放，若是將杯子全數保留在家中，反而讓空間無法運用自如。先假設一整天都不洗杯子，檢視自己一天下來需要幾個杯子呢？若每人設定最多使用 5 個杯子，那 5 位家中成員則是總共需要 25 個杯子。

那麼超出這個數字的杯子，都會徒增生活及空間負擔，**不妨精選出你最喜歡的 5 個杯子，讓它們真正進入自己的生活，珍惜地使用著它吧！**

家裡的杯具不用放太多，留下真正需要的即可。

2大收納祕訣，徹底實踐斷捨離

開始進行收納前，可以把「家」想像成是個背包，你每天都把幾樣東西放進去，而且根本不管用不用得到，從來沒有把東西拿出來，這樣這個背包總有一天會爆炸吧？為了讓空間能更有效利用，就必須掌握 2 大收納祕訣！

Point1：同類物品集中，擺脫重覆購買迴圈

幾乎每個家庭都存在著一個現象，某幾種物品有大量的備品散佈在家中各個角落，像是牙線棒、棉花棒、膠帶……等，因物品沒有同類集中，所以總是：

找不到→就以為好像沒有了→添購後又沒有同類集中，隨意擱置→忘記已添購，好像又沒有了→陷入重覆購買迴圈。

擺脫重覆購買迴圈的祕訣，就是**掌握好本書所介紹的「3 步驟收納術」，將同類物品分類集中→抉擇丟棄→定位上架，便能讓空間更有效運用！**因為在步驟 1 裡，你便需要將同類物品集中收納，將相同的物品從各處找出並集中，這方法特別適用於「共用物品」或「工具」，例如：牙線棒、藥品、膠帶等等。採集中收納法，不僅可以同時檢視總持有量，也可以跳脫不斷重覆購買的無限循環！

將物品集中放置，好好檢視一下你到底有幾個重覆物品？

Point 2：依照物主需求分開收納，避免混淆找不到

過去你的收納習慣，是不是總是將不同人的東西也放在一起，例如小朋友的遊戲間裡，也混雜著爸爸的玩具收藏品？這看似將同類集中的方法，卻忽略了另一個重點「依照物主分開收納」。

依每個人的物品來劃分區域分別收納，可以避免物品混淆找不到的窘境，這方法特別適用於「個人物品」，像是哥哥的衣服、弟弟的衣服分開收納，或是爸爸的玩具及孩子的玩具，劃分區域分別擺放。

依物主需求重新收納後，爸爸的玩具蒐藏可以集中排列、遊戲光碟和書籍分開也不易混淆、書房各角落的定位也清楚明白囉！

依物品主人需求來分開收納，劃分區域分別擺放。

Q&A 收納疑問攻破！解決你的收納大小事

購買收納盒前，請先停（停下來思考）、看（環視自己的收納空間）、聽（聽取專家或親友的建議）。

Q 收納前，到底要不要買收納盒呢？

我們經常在收納的前後，遇到這樣的詢問：

「我需不需要買收納籃呢？」

「你們有在賣收納用具嗎？」

「可以請你們幫我買好嗎？」

首先，到底需不需要再添購收納工具呢？我們的答案，通常是「先不要」。

往往在初步的收納階段，會分類出很多「現在」用不到的東西，可以捨棄、回收、捐贈，就是不需要再留在家裡。《斷捨離》的作者曾用無人寵幸的大奧側室，來形容這些擺在家裡雜而無用的東西，當分類與抉擇的工作做完了，或許家裡的空間遠比自己認知的還多。

再來，更常見的第 2 種可能：「啊！原來我想買的收納盒不適合！」

很遺憾，經常會發生這種失誤。所以先用家裡原有的工具去做收納，真的需要再添購的時候，也能夠更了解自己現在的需求，不容易買錯，全部的收納盒一起買，相同的顏色和材質看起來也比較整齊。**若是想到就買、一個接一個買，各個收納盒的顏色不同，家裡看起來很容易顯得凌亂，各品牌大小不同也很難堆疊。**

Q 收納物品買越多，家裡越整齊？

大家對於收納這件事，總有一個天大的誤會，以為東西太多的話，只要買收納用品就可以解決收納的困擾了，不管東西的數量有多少，如果櫃子不夠放了就再買新的櫃子來塞，這樣惡性循環不但沒有改善收納的問題，還可能造成其他問題。例如：可能買了家中不適用的收納用品，或是分批購買的收納用品格式不一、五顏六色、有高有矮，結果看起來更為雜亂，反而造成收納災難，又多花一筆開銷。

收納第一步驟是先檢視物品本身，第二步驟再來考量空間，先聚集「收」拾，然後才能「納」入空間。至於要納入怎麼樣的空間呢？只要堅守底下 2 個簡單的原則，就能整齊一輩子喔！

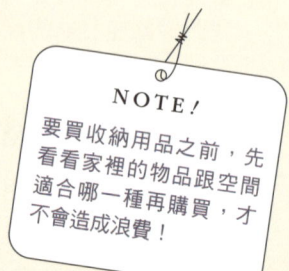

NOTE!
要買收納用品之前，先看看家裡的物品跟空間適合哪一種再購買，才不會造成浪費！

善用收納物品，就能讓家裡看起來乾淨整齊（樹德 SHUTER ／ MB-5501 樂收 FUN）。

選擇收納物品時，最好選擇透明（霧面）的，能讓物品更一目瞭然（樹德 SHUTER ／ MB-270 樂收 FUN）。

Point1 事先測量好大型收納空間

遇到需要使用大型收納櫃、收納籃來整理時，必須先測量家裡的空間、需要的大小。建議使用透明／霧面的塑膠材質，這樣在搬移時更一目瞭然。

CP 值高的收納物品

項目	特色
開放式層架 	開放式的層架無論有門、沒門、廚房、衣櫃，都可以利用收納籃或是盒子充當抽屜使用，櫃子深度多深都不怕。建議先測量好櫃子每格的長寬高，再選購合適大小的收納籃。
收納箱  樹德 SHUTER ／巧麗耐重摺疊籃	• 塑膠收納箱可大可小，是大型儲物還有各項收納的好幫手，可用來收納大型物品再放置儲物間，或是將玩具依照類型作區分，例如：球類、玩偶、車子、塑膠玩具、樂高……等，各有各的家。 • 另外，舉凡文具、工具、生活用品都可以依照合適的大小分裝，最好選擇透明（霧面）的設計，可以直接一目瞭然。
抽屜式收納箱  樹德 SHUTER ／ MB-5501 樂收 FUN	抽屜式收納箱很萬用，堆疊也不怕，選擇透明（霧面）的設計，可以直接一目瞭然。舉凡吃得、穿的、用的都很適合收納，要將物品收納時要直立擺放，因為是抽屜所以不用翻箱倒櫃就可以輕鬆的拿取。

Point2 小物收納用品先集中再定位

零散小東西／小物常是收納最頭痛的部分，因為分類模糊，所以定位也跟著模糊，變成東一個、西一個雜亂無章。

分類上，可以先依照「物品類別」區分，集中之後再定位到相應的區域。例如：文具集中到書房書桌附近、生活小用品（指甲剪）集中到客廳或是房間、牙刷牙線牙膏集中到生活用品區……依此類推。

CP 值高的小物收納盒

項目	特色
分隔收納盒 	無論是文具手工藝材料、髮飾用品、小飾品、紙膠帶……等，都可以善用分隔收納盒直接分類（可購入 39 元商店的藥盒當分隔收納盒使用）。
方格籃／小型收納籃 	收納籃大小不一，小型的方格籃適合小物的分裝收納，CD、DVD、3C 線材、浴室的沐浴用品、廚房調味料……等，都可用方格籃分類收納。此外，亦可直接放在抽屜裡面當分隔。
桌用／檯面小物收納盒  樹德 SHUTER／魔法收納力玲瓏盒	桌面／檯面收納用品可以增加桌面的空間，但是整體桌面的空間至少要留有 7 成的空位，不然很容易顯得雜亂，也會喪失桌面的使用功能。建議物品要習慣物歸原處，千萬不要堆積在桌面／檯面。
L 型檔案盒 	零散常用的小物，可以直接收納到抽屜收納盒便於使用，而文件、信件、帳單……等等，可用檔案盒直立收納。

Q 可以推薦一下，好用便宜的收納小物嗎？

我們身邊有很多東西，可以一物多用，不僅價格親民又方便，以下介紹我們收納團隊常使用的收納小物，提供大家參考！

好物 1 39 元商店（自由自在系列）

共計有 7 款式設計，分別是大淺型收納、小型收納盒、小淺收納盒、分隔收納盒、小物收納盒、小深型收納及筆筒型收納。這些不同的尺寸，設計簡約大方有質感，價格卻很親民、使用方便又可以堆疊在一起，看起來清爽有整體性！

好物 2 冰塊盒

家家戶戶都有的冰塊盒，有時候買了造形特殊可愛的冰塊盒，原本冰箱附的統一式冰塊盒就被閒置了。其實像是戒指、耳環，或是一些細小的配件、鈕扣，都可以放在冰塊盒裡收著，不用怕散亂不好拿或是少一支。

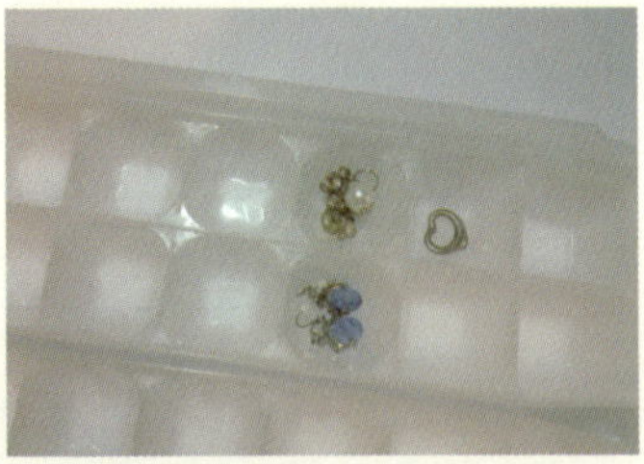

好物 3 衣架

衣架不只是晒衣服和吊掛衣物，還可以拿來做餐巾紙架和掛眼鏡，還可拿來掛雜誌，是不是很方便呢？

好物 4 隱形眼鏡盒

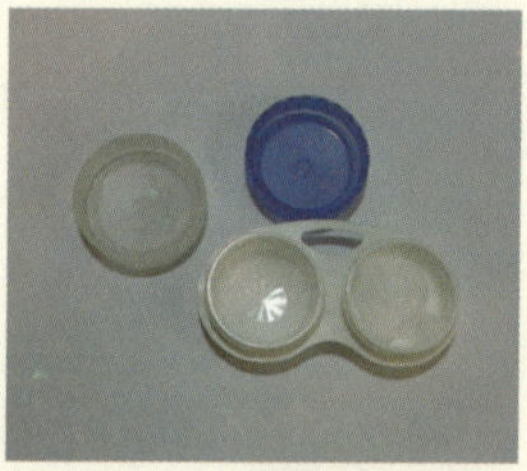

這是有戴隱形眼鏡的人，常能免費得到的小物，它不只是單單拿來放隱形眼鏡，它還可以裝乳液、洗髮精、沐浴乳。因為容量小，很適合短期旅行、出差使用，用完再洗過再重覆利用，實用又環保喔！除此之外，外出時也能放入耳環、項鍊等飾品呢！

好物 5 夾子、晒衣夾

不只晒衣服，還可以拿來收耳機線、夾沒吃完的零食包裝。

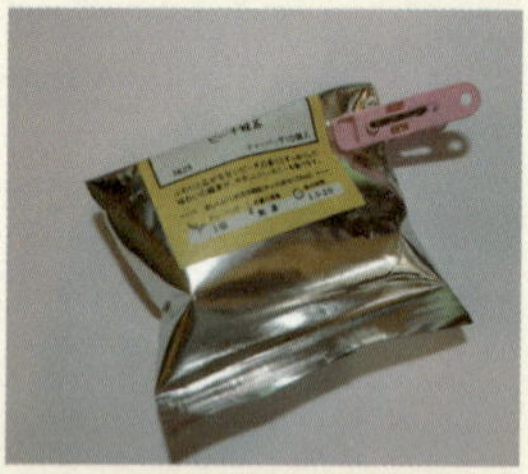

好物 6 夾鏈袋

透明的夾鏈袋，由小至大尺寸多元，不管拿來裝什麼都是一目瞭然，也省去找東西的時間。像是 3C 線材，大部分都是黑色的，此時用夾鏈袋來分裝，不僅讓線不會糾纏在一起，一包一包的也好辨別是不是自己要用的線材。

PART 02

收納基礎篇

必學物品歸類整理術

一般衣物收納

在我們團隊服務過的所有案例中，「衣物」是收納用品的最大宗，而且種類非常多，大致可分成上衣、下衣，女生還有不規則衣服（飛鼠袖）、洋裝、裙子……等。收納時掌握「3 步驟收納術」的技巧，依照分類→抉擇→定位的方式，便能讓爆炸的衣櫃也能重見光明。

STEP 1——分類

按照 3 步驟收納術的原則，第 1 步是「分類」，因此在衣物的整理收納時，我們便需要把全部衣物拿出來分類（參照右頁衣物分類表格）。分類後接著還要再細分成：吊掛、摺疊兩大類別（參照右頁吊掛 VS 摺疊表格）。

將衣服全部攤開來檢視、做好分類，是收納的第 1 步驟。

衣物分類清單

品項	內容
上衣	• **T 恤：**無袖、短袖、五分袖、七分袖、長袖、連帽、運動上衣 • **襯衫：**短袖、無袖、五分袖、七分袖、長袖 • **內搭：**背心、小可愛、襯裙、發熱衣 • **棉麻衫：**無袖、短袖、七分袖、長袖、兩件式、公主袖、背心 • **毛衣：**無袖、短袖、七分袖、長袖、套頭、開襟 • **針織衫：**背心、短袖、五分袖、七分袖、長袖、兩件式 • **其他：**針織外套、套裝、睡袍
外套	運動外套、羽絨外套
下衣	• **裙子：**高腰裙、A 字裙、百摺裙、蛋糕裙、皮裙、背心裙、吊帶裙、連身裙、魚尾裙 • **褲子：**牛仔褲、長褲、九分褲、八分褲、七分褲、五分褲、短褲、內搭褲、連身褲
洋裝	• **雪紡上衣：**無袖、短袖、七分袖、兩件式 • **洋裝：**平口、細肩帶、無袖、短袖、長袖、運動休閒、露背、孕婦裝、背心裙、連身裙、高腰
配件	圍巾、絲巾、襪子、內衣褲、腰帶、皮帶

吊掛 VS 摺疊清單

品項	內容
吊掛類	西裝、襯衫、洋裝、裙裝、外套、雪紡上衣
摺疊類	T 恤、內搭、針織類、毛衣、褲子

Column 05

你值得最好的生活

台灣早已進入物資過剩的時代，即使自己不去買，集點換來的贈品、各種會員禮、滿額贈得到的密封盒、環保筷、環保袋和大大小小的電器用品，數都數不清！

☑ 可是我們真的需要這些東西嗎？
☑ 同樣的東西，真的需要「這麼多」嗎？
☑ 這些東西的樣貌和品質，真的值得我留在家裡嗎？

如果東西要自己花錢買，或許還會考慮一下，可是一旦被當成贈品又印上了流行的圖案或喜歡的顏色，很容易會覺得「不拿白不拿」。但冷靜下來，不難發現，廠商就是利用人們普遍會有的這種心態，提高了我們的消費金額。

一不小心就掉入了行銷的法術，回家後還要面臨根本用不到，但又不捨得丟棄的困境，最終堆積在家裡，形成更大的負擔和麻煩。

你值得最好的東西

如果不是一百分的喜歡，不是真的「正在」用到，沒有必要讓它留在家裡。

- ☑ **紙袋、塑膠袋** ➲ 下次購物還會有，沒有必要囤積。
- ☑ **瓶瓶罐罐** ➲ 淘汰掉容易損傷泛黃的塑膠製品吧！
- ☑ **食品** ➲ 利用有限的空間控制購買數量，吃完再買，不要受特價誘惑！
- ☑ **各種電器** ➲ 檢視自己的生活型態吧！你真的有時間在家煮咖啡、打果汁、磨食物嗎？

與「無用物」說分手吧

這些被製造出來，應該是為了人們生活更方便、更舒適的產品，因為「目前不需要」又「過剩」的被囤積在家中，終究成為「無用之物」。這完全像是在錯的時間遇到對的人啊！

請牢牢記得，你值得最好的東西、最好的生活，大膽地與「無用物」說分手吧！

STEP 2——抉擇

衣物是大部分人整理時最頭疼的前 3 名，因此在抉擇時也最難割捨，抉擇時掌握的原則是：**請留下自己「真正喜歡的衣物」吧！**首先可以淘汰狀況比較差的衣物，例如：泛黃、污漬、領口鬆掉的衣服。

接下來可以**淘汰那些已經放很久，總認為瘦了可以穿、以後或許會穿、好幾年沒穿的衣物**，這些淘汰的衣物可以拿去回收或送人。請記得留下「真正喜歡的衣物」，才能有效減少衣物數量、留下真正會穿的衣物。

STEP 3——定位

分類抉擇好後，我們便要將需吊掛或摺疊的衣物給收納好，若是摺疊的衣物，可多加利用收納盒、收納籃來收納，底下也列出推薦的收納衣物小物。

吊掛收納法

適用：西裝、襯衫、洋裝、裙裝、外套、雪紡上衣

吊掛的衣物類必須挑選合適的衣架，合適的衣架可以保護維持衣物形狀並延長衣物的壽命，並依材質及用途（西裝、洋裝、裙類等）分類好。

吊掛收納 3 大關鍵

➲ **關鍵 1：衣架材質**

吊掛類衣物要依照衣物的類別，挑選合適的衣架，西裝、襯衫、厚外套要挑選肩部為寬版的衣架，才能分散衣物的重量以維持衣物的形狀，最好挑選硬塑膠或木製材質。

➲ **關鍵 2：挑選衣夾**

裙子類的衣架在挑選時，要特別注意衣夾的部分，挑選夾口為平滑造型，在裙子腰部才不會留下明顯的夾痕，若是沒有注意到這點，長久下來布料可能會變形。

➲ **關鍵 3：統一色系**

選購衣架的時候，建議盡量買同一個色系的衣架，使衣櫃畫面看起來更統一整齊，也更賞心悅目。

西裝以吊掛的方式收納，從顏色和類型分類，看起來有一致性。

衣架建議購買同色系的，若是沒有統一色系，收納後的衣櫃畫面仍稍雜亂。

摺疊收納法 1：直立式

適用：T 恤、內搭、針織類、毛衣、褲子

平放堆疊衣物，最後會越堆越多，看起來雜亂無章。

大家在收納衣服的時候，習慣將衣服平行疊放，但這樣的收納方式及習慣，會增加找衣服時的困難度，或是將常穿的衣物都放在抽屜的表層，而下層衣服穿的機率就變少了。

不僅如此，平行疊放也很容易在找衣服時，將其他的衣服弄亂，導致抽屜裡的衣服們越來越混亂。當看見抽屜裡的情況變得一發不可收拾之後，想好好整理的心情便會消失。

要如何讓衣服們一件件在抽屜裡乖乖排好，一拉開抽屜又能馬上找到要穿的衣服呢？務必使用「**直立式收納法」，這樣不僅可以充分利用抽屜裡的空間，要找衣服時也馬上就能看見！**

將所有衣物拿出後，按照短袖上衣、長袖上衣、短褲、長褲、襪子、毛巾手帕分類，以直立式收納法重新定位回抽屜裡，一拉開抽屜馬上就能看見要找的衣物！

直立式收納法的好處，能讓衣物更一目瞭然。

摺疊收納法 2：捲摺式

捲摺式收納法適用於內搭背心類，因其通常比較小件、材質較軟，捲起後不僅好尋找也節省許多收納空間。捲好後收納至小型收納籃再放進抽屜內，便能一拉開抽屜即可清楚看見擁有的每件背心。

內搭背心類通常比較小件、材質較軟，可使用捲摺式方法來收納。

摺疊衣物後，還要挑選適合的抽屜收納盒來定位擺放（樹德 SHUTER／MB-3501 樂收 FUN）。

4大衣物收納好物推薦

適用摺疊收納法的衣物，摺疊好後還要挑選合適的抽屜收納盒來定位，挑選收納盒的 3 大原則為：**收納盒材料堅固可堆疊、移動方便、能清楚看見收納的內容物，**底下介紹 4 種推薦的摺疊衣物收納盒。

推薦 1：透明（霧面）抽屜收納盒

適用：T 恤、內搭、針織類、毛衣、褲子類

T 恤、內搭、針織類、毛衣、褲子類的衣物，適合用直立式收納法來摺疊衣物。摺疊好衣物後，放入透明或霧面的抽屜收納盒，這樣從外部一眼就可以看見、方便找尋，一拉開抽屜也一目瞭然，再也不用翻箱倒櫃，輕輕鬆鬆選擇拿取！

推薦 2：方格籃／小型收納籃

適用：內搭背心

內搭背心類在摺疊收納時，建議以捲摺法收納，因為背心通常比較小件、材質較軟，捲起後不僅好尋找也節省許多收納空間。捲好的背心，必須收至小型的收納籃中再放進抽屜內，才能維持直立式每件都乖乖排好，一拉開抽屜即可清楚看見擁有的每件背心。

推薦 3：分格收納盒

適用：配件類小物

一般衣物收納

襪子、絲襪、皮帶、領帶等，以格狀的收納盒收納，是最好的方式、因為物品較小而且分類上屬於搭配類，自然比較瑣碎多樣，以小格小格一件件分類，是最清楚方便的，還能計算自己擁有的數量。放入分隔收納盒後，要搭配服裝時一打開抽屜，就能馬上選取好今日最佳配色！放置抽屜內也能維持整齊的畫面，每天打開抽屜都是好心情。

推薦 4：垂掛收納格

適用：背心、T 恤、絲巾、圍巾

如果家裡沒有足夠空間可購買橫式抽屜衣櫃，那麼垂掛收納格就是你的好幫手，它能讓你在衣櫃裡製造出新的收納空間喔！例如：背心、T 恤、絲巾、圍巾等都可以捲起，收納至格子中，將衣櫃內的空間壓縮，產生新的空間給其他吊掛類衣物。

Column 06

省下空間留給幸福

「抉擇物品」，有時會讓人心煩意亂，種種違背兒時長輩耳提面命的節省行為，讓罪惡感一點一滴油然而生，但是如果不能捨去這些「現在」已不使用、不「心動」的物品，收納的成果有限，收納的魔法也無法完全施展開來！怎麼辦呢？

你有想過「倉儲成本」嗎？

以雙北的房價舉例：台北市大安信義區每坪少說 80 萬起跳，中正區不遑多讓，至少有 60 萬；中山大同區則是每坪 40 ～ 70 萬 、新北市中永和板橋平均落在 45 萬左右；嗯……不然住離市區遠一點好了，比方說依山傍水的三峽區，每坪成交單價則在 22 萬元左右。看到這些數字是不是令人頭昏眼花，肩上彷彿突然增了幾斤的重量？

大家有想過自己花了幾坪的空間，去存放這些根本「不會用」也「不心動」的東西嗎？就是要一鼓作氣把所有東西清出來，因為唯有如此你才會知道，自己總共有多少種類的東西？這些東西又有多少數量？

居家收納服務時，當我們和客戶一鼓作氣把東西全清出來，經常會聽到：「天哪！我都不知道我有這麼多______」。底線可以放入任何的「衣服、鞋子、唱片、棉被、碗、玩具」名稱。是啊！不一股作氣清出來，你真的不知道。

這些東西，再加上抽獎、尾牙、滿額贈的各種禮品：烘碗機、咖啡機、鬆餅機……等，將它們全集中在一起，總共佔據了幾坪的空間呢？這每一坪的空間，又讓你多揹了幾年的房貸？多付了幾千塊的房租？如此思考後，立刻可以脫離對那些東西的執念。

衣物吊掛法大公開

西裝套裝吊掛

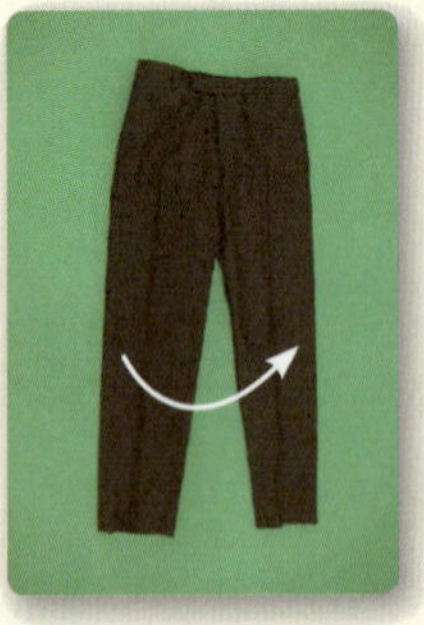

STEP 1
首先將西裝褲攤平，並左右對齊摺好。

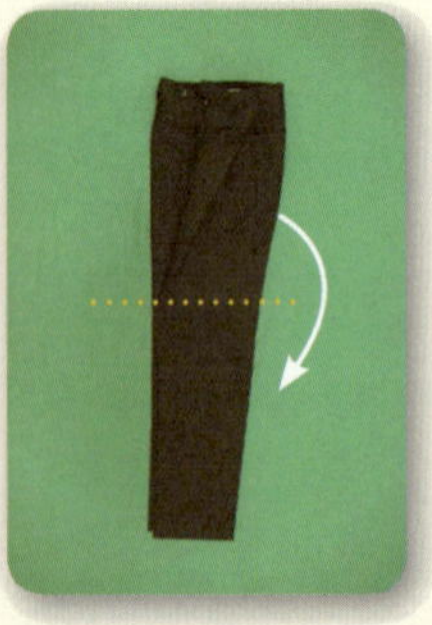

STEP 2
對齊摺好後，再將長褲往上或往下，摺為一半的長度來吊掛。

STEP 3
取一個寬版衣架來吊掛，衣架材質應選塑膠或木質類，若選鐵製衣架，長時間使用下來會使西裝變形。西裝最好成套（外套及褲子）一起吊掛，使用上也會方便清楚很多。

STEP 4 FINISH!
接著掛上外套就完成了！

Tips: 吊掛西裝外套時，鈕子不要扣上！

吊掛西裝外套時，鈕子不要扣上，否則西裝的腰身部分會因此變形，鈕子周圍的布料也會因此變皺，久而久之就很難再恢復原貌了。

長褲吊掛

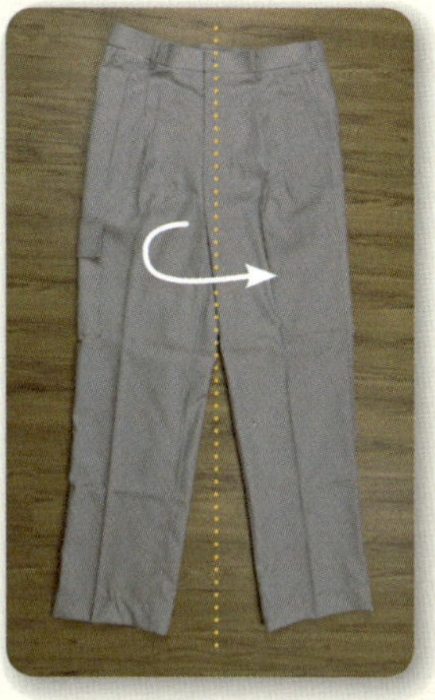

STEP1
先將長褲攤平對摺。

STEP2
由上往下對摺。

STEP3 FINISH!
吊掛時，突出部分朝內，平整的部分朝外。

衣物折疊法大公開

短袖 T 恤摺法

短袖上衣、POLO 衫都適用此摺法。

STEP1
先將 T 恤翻到背面。

STEP2
沿著虛線往內摺。

STEP3
袖子要沿著虛線往外摺，而另外一邊也用同樣的方式摺。

STEP4
將領口部分往下摺、尾端往上摺。

STEP5
沿著虛線，將摺好的下擺塞入領子後方。

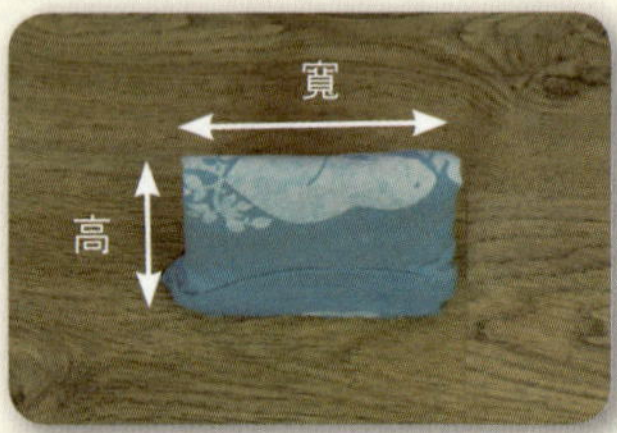

STEP6 FINISH!
接著將所有 T 恤，以直立式收納就完成囉！

NOTE !

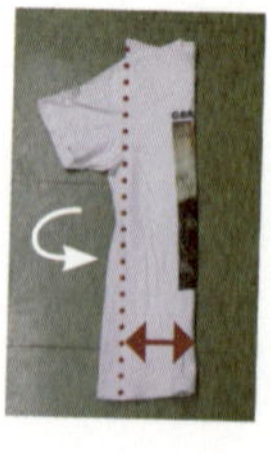

雙箭頭的長度會決定衣服摺完的「寬度」，例如小抽屜的寬度為32公分，故寬度摺15公分即可。衡量好寬度後，照著虛線往內摺（可將手指作為長度估算的工具）。

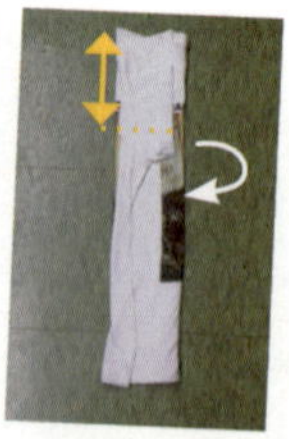

雙箭頭的長度會決定衣服摺完的「高度」，例如小抽屜的高度為15.5公分，故高度摺15公分即可（可將手指作為長度估算的工具）。

Column 07

你為週年慶瘋狂了嗎？

你是否收到過很多週年慶的宣傳單呢？走在街上各種「特價、優惠、殺很大」讓你眼花撩亂了嗎？每到週年慶你就準備去百貨公司大肆血拼嗎？滿五千送五百、刷卡滿額禮，使你陷入瘋狂了嗎？

購物前，請先「停」、「看」、「聽」

☑ 在購物前，我有先列好購物清單嗎？ ➲ 只買清單上需要的東西！

☑ 我是不是「為了買」而去「買」呢？ ➲ 我們並不需要跟隨潮流。

☑ 滿額的贈品、禮券真的比較划算嗎？ ➲ 實用、好用、真心喜歡？

購物沒有不對、沒有不好，我們也同樣享受著買到一個好東西，而感到快樂滿足。正因如此，在購物前、購物後，我們更加應該審慎地思考這些問題。

請不斷重覆確認：

★它真的令我心動嗎？

★我是否衝動購物了？

★它真的好用、實用，而且我一直會用？

★特價是特價了，可是它真的「值得」我擁有嗎？

短褲摺法

STEP 1
將短褲平鋪後對摺。

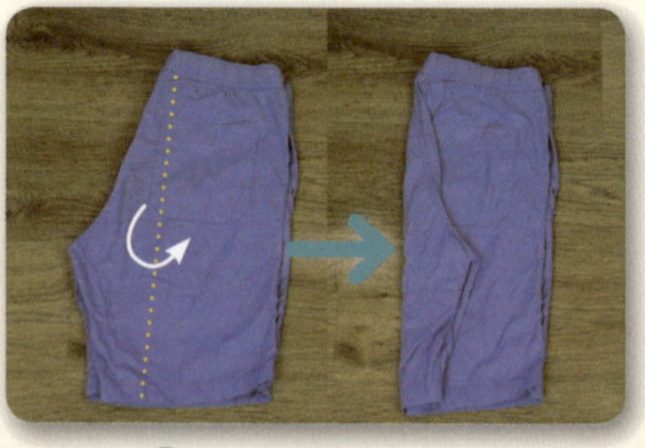

STEP 2
將突出的部分往內摺。

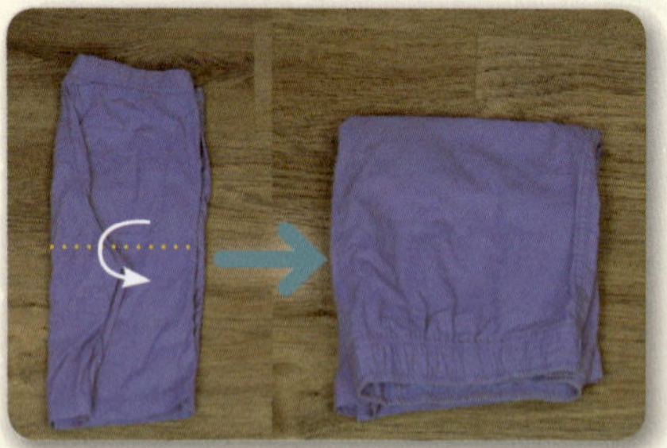

STEP 3
衡量抽屜的高度寬度後，這裡我們將褲子分成 2 等分，褲頭往下摺。

STEP 4 FINISH!
完成後可直立收到抽屜櫃，並將所有短褲直立式收納！

NOTE!

如果是分成3等分的話，最後可將褲管往上，摺到褲頭內再用手壓平。

連身裙摺法

連身裙一般來說，建議用吊掛的方式，若吊掛空間不足，也可以用直立式收納法。短裙、長裙也都可以使用底下的摺法來收納。

STEP 1
將連身裙攤平。衡量抽屜的高度寬度後，這裡我們將其以 1/3 寬度向內摺。

STEP 2
一邊以 1/3 寬度內摺。

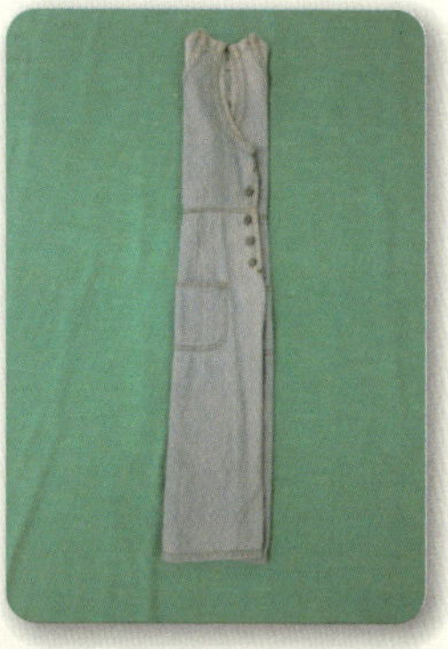

STEP 3
另一邊也以 1/3 寬度向內摺。

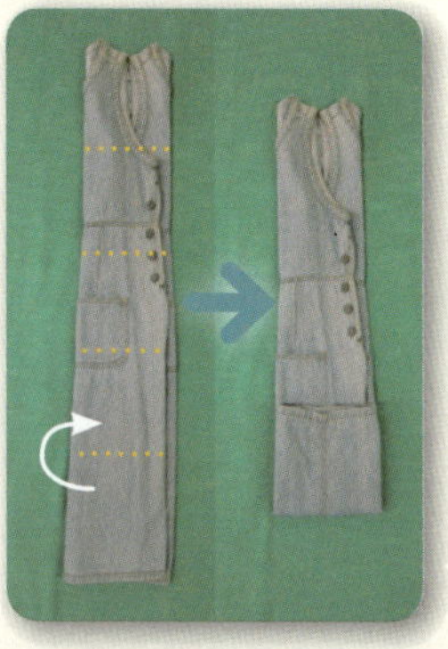

STEP 4
依櫃子高度來衡量，將裙子分為 5 等分後，將裙擺向上摺。

STEP 5
直立收到抽屜櫃就完成囉！

FINISH!

襯衫摺法

STEP 1
將襯衫攤平，先劃分好 1/3 的區域。

STEP 2
將襯衫反過來，以襯衫 1/3 的寬度向內摺。

STEP 3
另一邊也以襯衫 1/3 的寬度向內摺。

STEP 4
接著以襯衫 1/3 的高度向上摺。

STEP 5 FINISH!
翻到正面，就完成囉！

Tips: 開會或出席正式場合，再也不怕襯衫變形

將摺好的襯衫放入硬殼文件夾中收納，這樣就能避免在行李箱中被壓至變形，方便開會或出席任何正式場合攜帶，不用再為變形襯衫煩惱囉！

長袖 T 恤摺法

STEP 1

將 T 恤翻到背面。

STEP 2

1. 將左側往內摺。
2. 將袖子往外摺。

STEP 3

袖子按虛線往內摺成直線。

STEP 4

雙箭頭的長度會決定衣服摺完的「寬度」，例如若抽屜的寬度為 32 公分，衣服寬度摺 15 公分即可（可將手指作為長度估算的工具），衡量好寬度即照著虛線往內摺。

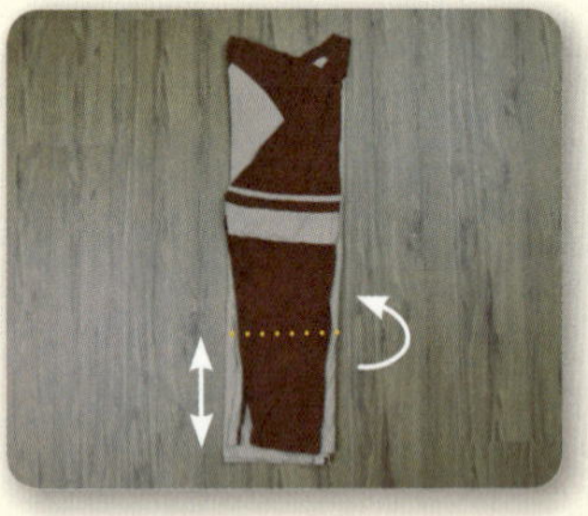

STEP5

雙箭頭的長度會決定衣服摺完的「高度」，例如小抽屜的高度若為 15.5 公分，衣服高度摺 15 公分即可（可將手指作為長度估算的工具）。

STEP6

若衣服下襬較短，摺 1 摺即可。

STEP7

雙箭頭位置要預留約 1 公分的寬度，沿著虛線，將摺好的下擺塞入領子後方即可。

STEP8

FINISH!

接著將所有 T 恤，採直立式收納就完囉！

NOTE!

長袖上衣、長袖POLO衫、帽T都適用此摺法，但在摺帽T時要記得將帽子往內摺。

長褲摺法

STEP1

先將長褲攤平對摺。

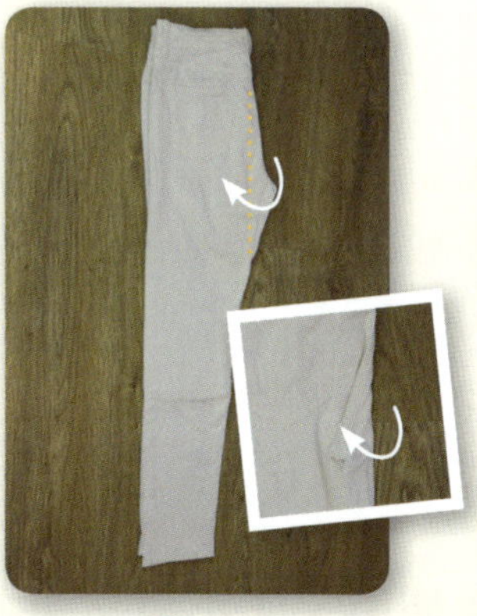

STEP2

將突出的部分往內摺進去。

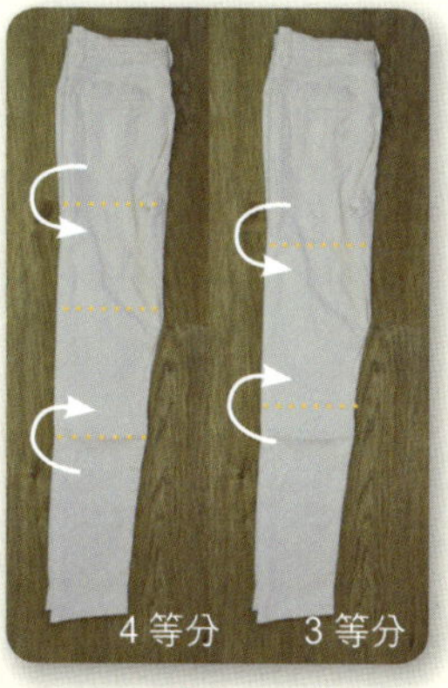

STEP3

依照收納抽屜的高度來衡量長褲摺好的高度，可以將長褲分成 3 等分、4 等分，將頭尾上下往中間摺。

STEP4

將下方褲管往上摺到褲頭內，並將其攤平。

STEP5 FINISH!

對摺後，採直立式收到抽屜櫃，就完成囉！

Column 08

請馬上拆掉包裝和吊牌

相信各位總是能在家裡找到，各種保留完整包裝的物品：

☑ 絲襪、襪子。

☑ 手機、相機的整組外包裝盒。

☑ 電器產品的外盒。

☑ 名牌包和衣服的吊牌。

☑ 珠寶首飾的包裝盒。

拆開它你才會使用、才不會忘記、更不會多買！

因為感覺比較好收，所以沒拆開的襪子，雖然具備完整包裝，但長久壓在櫃子深處，即使是新的，看起來仍頹靡不振、積滿灰塵。因為早就忘記自己有這些東西，有需要的時候又會去買新的，最後越積越多。

除非是專業的賣家，請放棄拍賣使用過的 3C 想法！

我們曾遇過有位客戶，家裡有一整面櫃子，放滿了手機、相機、記憶卡、電器產品的盒子，他的理由是：未來要賣的時候，會有比較好的價錢。但除了少數的相機，或是前一年蘋果公司的產品，九成以上的 3C 商品汰舊速度，快到你根本沒有賣出它的機會。

客戶的櫃子裡還保留著 NOKIA 時代的手機盒（手機早就不在）、已經購入 2 年的筆電紙盒。這些東西既不「心動」也不「使用」，完全沒有必要留在家裡，更何況以現在科技發展的趨勢，實在沒有人會購買 2 年前出產的筆電。

搬家不是理由，重點是現在每一天舒適自在的生活！

電器產品的盒子，更是完全沒有保留的必要，許多人會說搬家的時候可以用到，但事實上搬家的事，就請到搬家的那天再去想辦法。如果不是這個月就已經要搬家，為了根本不知道哪天會來到的搬家，卻要委屈現在的自己住在堆滿紙箱、保麗龍盒的房子裡面，不是很不值得嗎？

名牌或昂貴的首飾，不應該是供品！

名牌包、大衣的吊牌或珠寶的盒子，也經常原封不動的儲藏在某個角落，但根據我們的經驗和觀察：沒有拆開吊牌的衣服，根本不會穿出門；沒有從盒子裡拿出來的珠寶，根本不會配戴。

既然已經花了錢買好東西，當然就是要穿戴它、使用它，沒有拆開包裝的名牌衣物，往往像是某種珍品，不知不覺就被供在那裡，完全沒有替你增添光彩！唯有拆開它，將它們與所有的衣物一併收納，這個物品才會真正地屬於你，你也才會將它視為生活的一部分，自然地穿戴著。從今天開始，購物後就將物品的外包裝和吊牌拆開吧！

請你跟我這樣做：

- 購物的時候，拒絕過多的包裝、塑膠袋，不僅可以免去店員的麻煩、節省資源的浪費、更省去整理垃圾的時間。
- 不能退換的物品，在購買的時候立刻於櫃檯拆開包裝檢查，也可以請店員將包裝丟棄，並感謝他的協助。若無法櫃檯拆開，回家也會立刻拆除包裝。
- 有鑑賞期的物品也是一樣，一買回家立即試用，確認沒問題的東西，也馬上將包裝拆除並且歸位。

毛衣摺法

STEP1
首先將毛衣攤平後，翻到背面。

STEP2
接著將左右袖子平行交疊摺入。

STEP3
對齊領口邊界向內摺。

STEP4
另一邊也對齊領口邊界向內摺。

STEP5
衡量抽屜的高度寬度後，這裡我們將其分為 1/3 來摺疊。

STEP6
接著由下往上摺，就完成囉！

FINISH!

不規則衣服摺法（飛鼠袖上衣）

STEP 1
將上衣攤平後翻面。

STEP 2
將袖子摺入。

STEP 3
另一邊的袖子也摺入，然後將衣服寬度以 1/3 來劃分。

STEP 4
將一邊以 1/3 的寬度向內摺。

STEP5
另一邊也以 1/3 寬度向內折。

STEP6
將衣服劃分為 4 等分，以 1/4 高度向上折。

STEP7 FINISH!
完成囉！

背心摺法

STEP 1
將背心翻至背面，並劃分好 1/3 的高度。

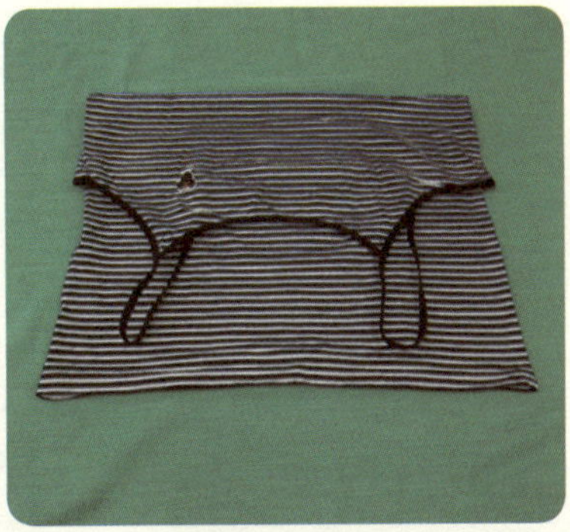

STEP 2
以背心 1/3 的高度往下摺。

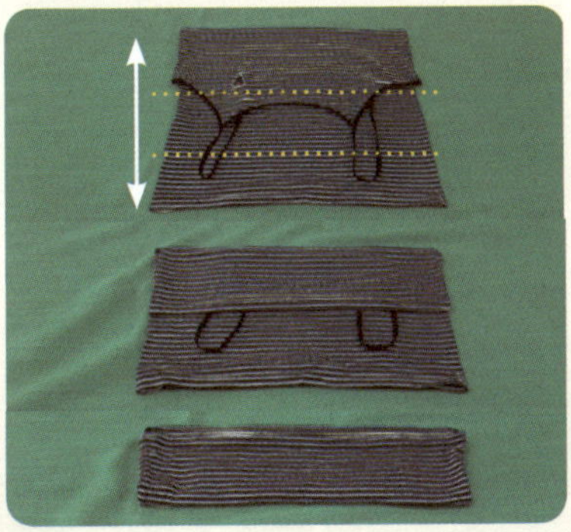

STEP 3
再繼續劃分出 1/3 高度，將背心往下摺。

STEP 4
接著由左至右捲起，就完成了。

FINISH!

蓬蓬裙摺法

STEP 1

將蓬蓬裙攤平後翻面，
並劃分好 1/3 的寬度。

STEP 2

以蓬蓬裙 1/3 的寬度往
內摺。

STEP 3

另一邊也以 1/3 的寬度
往內摺。

STEP 4

從裙頭往裙襬方
向捲起即可。

FINISH!

Tips: 摺衣服時，到底該摺多高、多寬呢？

每個人家裡使用的收納抽屜大小都不相同，而摺好的衣物在收納到抽屜時，**寬度建議是抽屜的一半、高度不能超出抽屜高度**，因此在摺衣物時，就要先預設好衣物摺好後的高度與寬度。

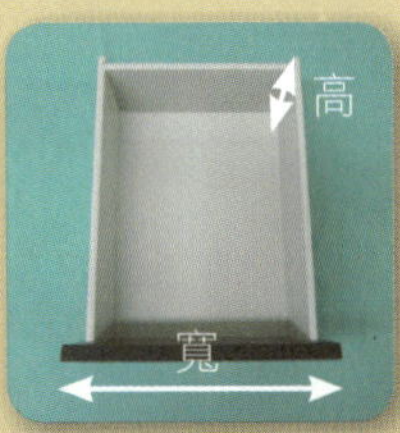

➲ 計算衣服摺好的寬度：

❶ 以中指到姆指為準，來測量抽屜的寬度，這樣便能決定衣物的寬度。

❷ 測量後衣物以 1/3 的寬度來摺（分成 3 等分），收納到抽屜時就能放 2 排，故將衣服以平行總長的 1/3 寬度向中心折。

❸ 以 1/3 的寬度來摺，收納到抽屜後，就可以放 2 件。

➲ 計算衣服摺好的高度：

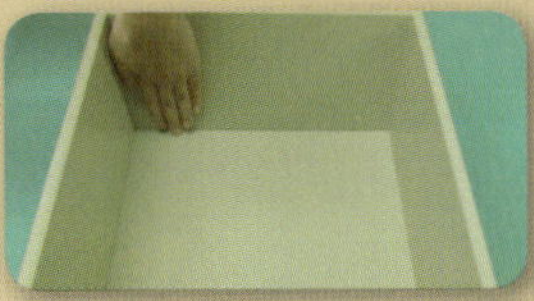

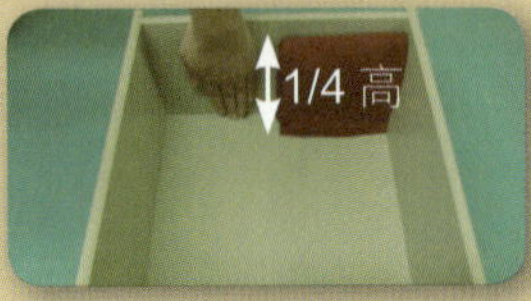

❶ 以中指到手掌根部為準，來測量抽屜的高度，這樣便能決定衣物的高度。

❷ 以手掌比對衣物後，大約可分為 1/4 的高度。

❸ 以 1/4 的高度來摺，收納到抽屜裡，便不會超過抽屜的高度。

Tips: 抽屜的高度都不同，衣服該如何摺？

底下範例的衣服，長為 61cm、寬為 40cm，依大、中、小高度的抽屜來計算，衣服摺法大約可拆分成 3 等分、4 等分、6 等分，底下以圖示說明。

◎不同抽屜高度的衣服摺法

抽屜高度	衣服摺法	衣物完成高度
22cm	1/3	20cm
16cm	1/4	15cm
12cm	1/6	11cm

◎衣服摺法範例

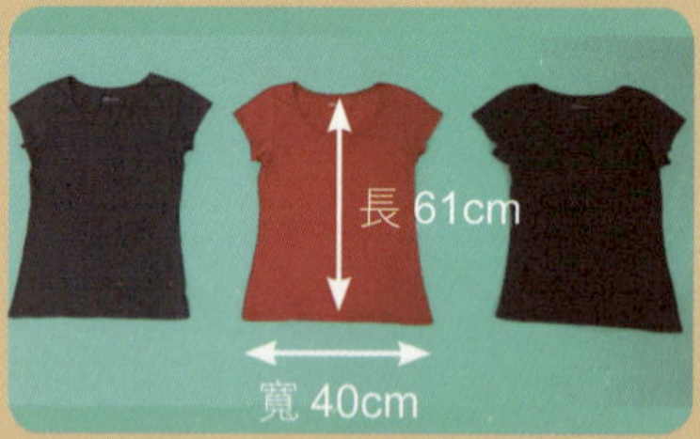

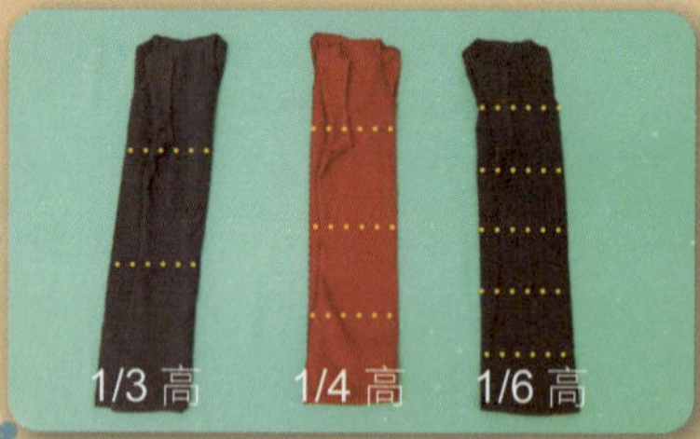

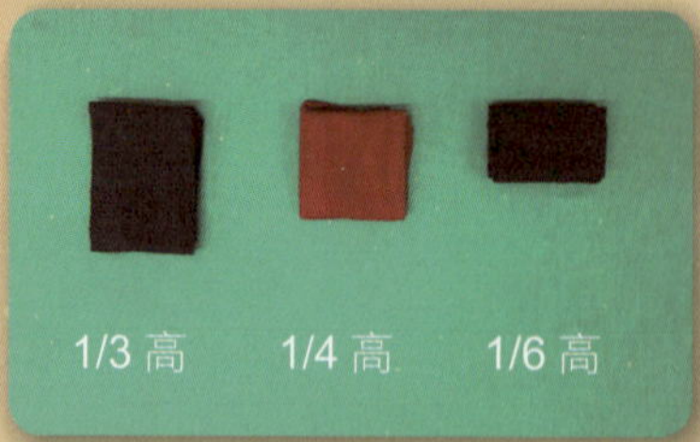

貼身衣物收納

最私密的貼身衣物，在收納時要給予特別的待遇，好好地開闢專區收納，讓這些貼身衣物也可以找到舒適自在的「家」。整理貼身衣物時，要將男、女生分開收納，掌握好3步驟收納術，最後再依各不同類型的內衣褲來摺好，就能整齊且一目瞭然地收納好。

將不同類型的內衣褲摺好，讓這些貼身衣物找到舒適自在的「家」。

STEP 1——分類

女生的貼身衣物分為不同的類型，其摺法及收納方式不盡相同，因此在收納前的第1步，我們便要把自己擁有的貼身衣物都分類好，分類大約有底下幾種。

貼身衣物分類清單

品項	內容
胸罩內搭類	鋼圈胸罩、運動胸罩、隱形內衣NUBRA、背心內心BRA TOP、貼身背心（小可愛）、束腹、塑身衣
內褲類	三角褲、四角褲、丁字褲、中腰安全褲、束腹三角褲、生理褲

STEP 2——抉擇

小心胸罩變凶兆！內衣褲是最貼身的衣物，除了穿起來要舒適之外，功能性也很重要，如果失去原有的功能就該適時淘汰。

內衣變形、鬆弛、肩帶鬆脫、不合身、不透氣，都該一次淘汰！另外，內褲要特別注意清潔度，太舊的、褲頭鬆脫、脫線，都該全部丟掉。

NOTE！
內衣褲可依據每人使用的數量篩選：內衣依功能性每種至多5件輪流替換、內褲一人至多10～20件。

STEP 3——定位

定位時要依照整個衣櫃的空間和衣物的數量，規劃整體空間定位的大方向，一定要為「內在美」準備一個專屬的收納空間，切忌和其他衣服放在一起以免造成拉扯。首先，觀察衣櫃中是否有適合收納貼身衣物的私密空間？例如：抽屜櫃，並觀察是否有合適的收納分隔籃，若沒有則可以利用現有的收納盒、乾淨的鞋盒、喜餅盒作為收納工具，吊掛於衣物下方空間。另外，相關配件如：胸墊、胸貼、肩帶……等，可集中收納內衣褲周邊，用小盒子集中起來即可。若數量過多，則收納在衣服備品區。

- **POINT1：定位時要掌握的重點，就是利用「抽屜」收納貼身衣物，若空間不足則利用「收納籃」集中收納，再放置於吊掛衣物下方的空間。**
- **POINT2：收納胸罩時，可以將背鉤扣住後一件件疊起收進櫃子裡，如果不將背鉤扣住再收納，很容易造成內衣變形。**

貼身衣物分類與收納

貼身衣物可以大致分類為底下幾種，依各種類的特性，大約收納方式如下。

胸罩內搭類

- **鋼圈胸罩**：將背鉤扣住後，一件件疊起收納到盒子，或是抽屜中的胸罩專區。
- **運動胸罩**：把肩帶下擺收到罩杯中，採直立收納或是胸罩對摺直立收納。
- **隱形內衣 NUBRA**：需用塑膠袋黏貼，或是用專用收納盒。
- **背心內心 BRA TOP**：視數量跟鋼圈胸罩、運動胸罩一起收納，亦可直接吊掛收納。
- **貼身背心（小可愛）**：可參考一般背心摺法。
- **束腹**：將背鉤（魔鬼沾）扣住後對摺即可。
- **塑身衣**：若無鋼條可以跟功能性衣服一起收納，有鋼條可吊掛收納或是摺長條形。

內褲類

- **三角褲**：依照材質摺好直立擺放收納，或是捲到褲頭成條狀，利用收納格直立收納。
- **四角褲**：依照材質摺好直立擺放收納，或是捲到褲頭成片狀，平放堆疊收納。
- **丁字褲**：將兩邊收向中間，然後從下擺捲起，利用收納盒集中一區（牙膏盒等小盒子）。
- **中腰安全褲、束腹三角褲**：參考一般褲子的摺法，視數量可以跟內褲、褲襪或是內搭褲一起收納。若材質為硬式無法摺，則跟功能性衣物用收納盒／抽屜櫃集中收納，或是直接吊掛收納。
- **生理褲**：參考三角／四角褲摺法收納。

貼身衣物整齊排放，更一目瞭然方便穿著。

內衣褲摺法大公開

內衣摺法

STEP1
內衣先翻至正面放好。

STEP2
將內衣反過來，並扣好肩帶。

STEP3
內衣翻回正面，並將肩帶收至罩杯裡。

STEP4 FINISH!
收好的內衣以一件件平行疊放，以維持形狀，收納至抽屜裡即可。

三角褲摺法

STEP 1

將內褲攤平，並劃分好 1/3 的區域。

STEP 2

翻面後將內褲以 1/3 的寬度向一邊摺。

STEP 3

另一邊也以 1/3 的寬度摺。

FINISH!

STEP 4

1/2 的高度向上摺，再翻回正面即完成。

NOTE!

第4步驟也可以將褲尾端1/3的高度向上摺、將褲頭1/3的高度向下摺，並將褲尾收進褲頭裡。

四角褲摺法

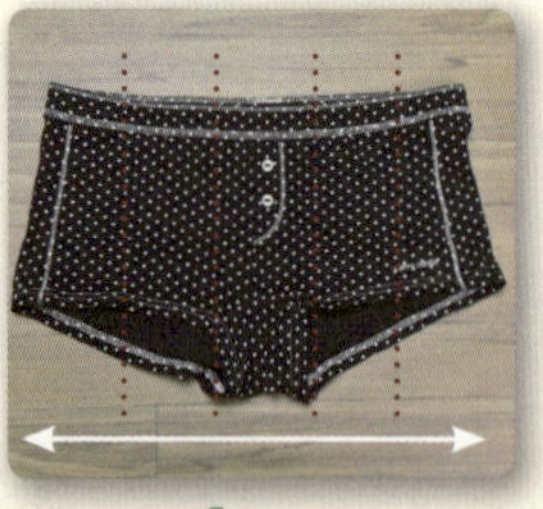

STEP 1
將內褲攤平。寬度劃分約為 1/5（5 等分）。

STEP 2
將內褲翻面後向右摺。

STEP 3
再往右摺至中心處。

STEP 4
另一邊照同樣方式，向左摺至中心處。

STEP 5 FINISH!
以 1/2 高度向上摺起，就完成了。

服裝配件收納

服裝配件在每個人的裝扮裡，扮演著畫龍點睛的效果，善用服裝配件來穿搭，就能讓個人的整體形象大加分！整體來說，每個人對於服裝的品味、衣著細節講究的程度，就會展現在配件上，因此配件的收納、保養，是非常重要的一件事唷！

STEP 1——分類

首先，依照配件類型來區分，若不易區分類型的，則可依材質來區分，例如：分為布類、皮質、金屬等材質，接著以大小排列好，這樣才能準確知道自己需要多少收納空間。

服裝配件分類清單

品項	內容
圍巾類	圍巾、披肩、斗篷、絲巾、領巾、頭巾
皮帶類	皮帶、腰帶、腰鍊
襪子	長襪、短襪、厚襪
帽子	毛帽、草帽、棒球帽（可依材質例如硬挺、軟薄來區分）
手套	禦寒用、植栽用、棉手套、機車用手套、塑膠手套
飾品	項鍊、耳環、戒指、髮飾
其他	眼鏡、領帶

STEP 2——抉擇

收納服裝配件除了類型，還必須考慮大小、材質、使用率……等，因為台灣為海島型氣候，氣候較為潮濕且帶有鹽分，所以皮製品若有一段時間沒有使用，就很容易氧化或發霉。這也是我們在收納時，必須要考量的重點之一。

抉擇時不妨就淘汰這些久未使用的物品吧！這裡舉襪子為例，你知道自己有幾雙襪子嗎？襪子到底需要幾雙才夠呢？假設一星期洗一次，你大約需要的量便是 8～10 雙就夠了。抉擇時請檢視一下自己所持有的數量，是不是常常有孤單的襪子，剩一隻湊不成雙、襪口常常鬆了等問題就該丟棄。

整體來說，只要是脫線、發霉、材質刺皮膚、不再心動且久未使用的，請一律淘汰吧！若平常都有搭配服飾配件的習慣，建議每種類型留下至多 3～5 種即可。

Tips: 皮帶保養方式

皮製品若有一段時間沒有使用，就很容易氧化或發霉，非常可惜！皮帶類可以用以下方式保養，能讓其較不易氧化發霉。

- **皮帶頭：**皮帶在使用時建議不要去摩擦到，一般在台灣銷售的皮帶頭表面上都會加上一層保護膜，若保護膜退掉很容易就會氧化，可以使用透明指甲油或透明漆塗上晾乾即可。如果是鍍銀皮帶頭，則可使用牙粉或牙膏清潔發黑處，再塗上透明漆或透明指甲油晾乾。
- **皮帶身：**皮帶身可以用凡士林、嬰兒油、皮製品保養油來定期擦拭，若有發霉現象則可用白醋先擦拭發霉處，等乾後再用油擦拭即可。

STEP 3——定位

將物品分類、抉擇後，剩下留下來的物品，就是我們真正需要、會用到的。定位前，請觀察家中有無適合收納配件的收納籃，若無合適的收納籃，則可利用現有的盒子（鞋盒或是收納盒）來收納。若是配件數量不多，也可以用吊掛的方式收納。

圍巾與皮帶類

➲ 圍巾類

依照厚、薄來區分，把圍巾、絲巾收納到衣櫃上方的開放空間堆疊收納，若空間不足則用收納盒集中直立收納，再放置到周邊的收納櫃中。若是收納櫃深度很深，可以直接捲成圓筒狀堆疊收納。

➲ 皮帶類

可利用有分隔的收納籃集中，放置於衣櫥裡（吊掛衣物的下方空間），或是直接利用皮帶衣架做收納。

NOTE！
整理時，就將冬季的厚圍巾、春夏的絲巾都區分好、利用收納籃集中，這樣換季時便可以直接替換使用。

利用收納籃，將物品集中放置好。

襪子類

大部分人在摺襪子時會捲成馬鈴薯狀，這樣很容易讓襪口鬆脫。

大部分人在摺襪子時會捲成馬鈴薯狀，但這種收納法捲久了會讓襪口變鬆，這樣穿不了多久我們又要買新的襪子，容易造成不必要的浪費！正確的摺法可以讓襪子一目瞭然，也讓我們掌握所有的襪子數量，一眼就可以找到自己要穿的，也不會翻的亂七八糟，花時間在尋找襪子。

依底下的收納法，襪口不容易變鬆，也延長了心愛襪子的壽命喔！

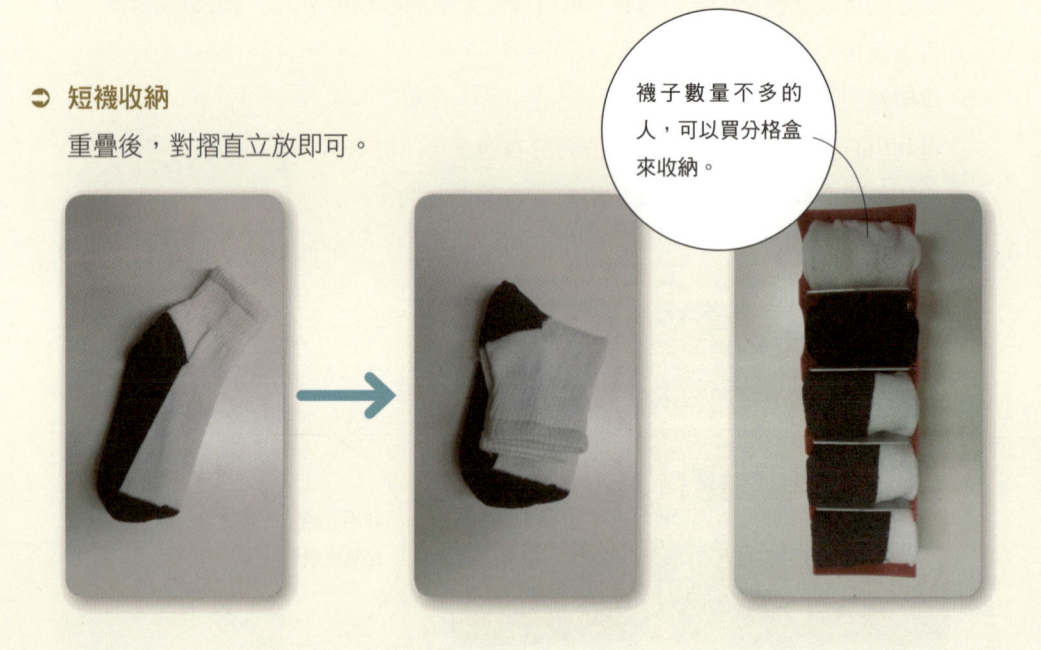

➲ 短襪收納

重疊後，對摺直立放即可。

襪子數量不多的人，可以買分格盒來收納。

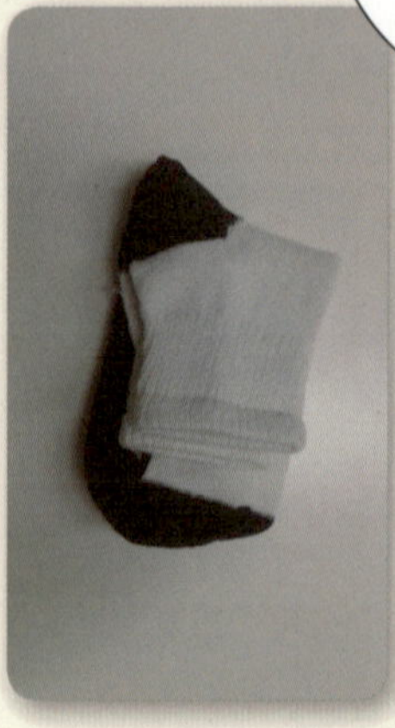

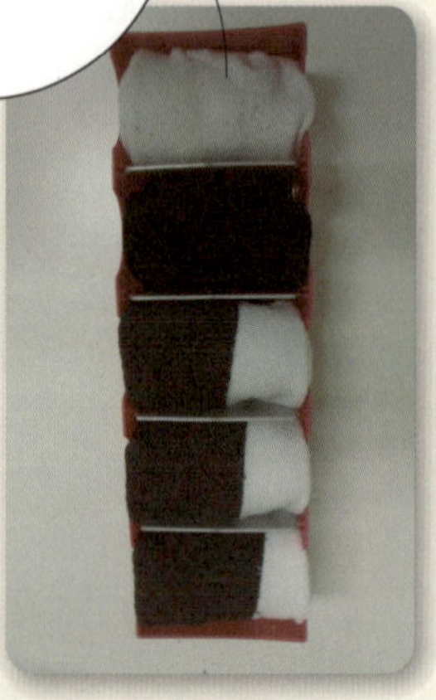

長襪收納

2 隻襪子重疊，對摺 2 次後直立收納。

長襪可採圖中的直立式收納法，上方則放摺好的短襪。

依照顏色和款式來分類收納，會看起來更整齊喔！

帽子類

卡車帽、潮帽，可以利用掛勾來收納。

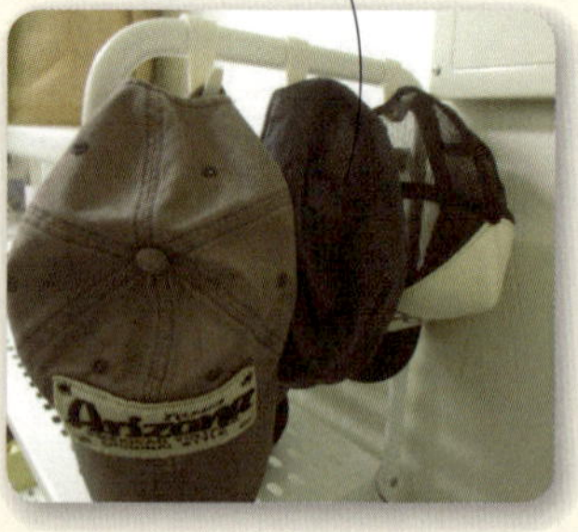

帽子的材質不一，有的硬挺、有的柔軟、有些還不能摺，因此會建議依帽子的材質細分收納，例如：毛帽可以摺疊放好，草帽、棒球帽平放或掛著；遮陽帽也是直接放置；紳士帽等硬挺材質可放在硬盒裡。

常用的帽子當然是掛在好拿取的地方，而有些材質怕變形，那就要單獨放置專用的帽盒等，必須有專屬的空間收納。

NOTE!
深度太深的衣櫃不適合收納帽子，因為看不到裡面放了什麼。

常戴的帽子可以掛在好拿的位置方便拿取，不常用的則收納在櫃子內或是層板上疊放。

硬挺的帽子也可以疊放，下方放較平的帽子，往上疊。

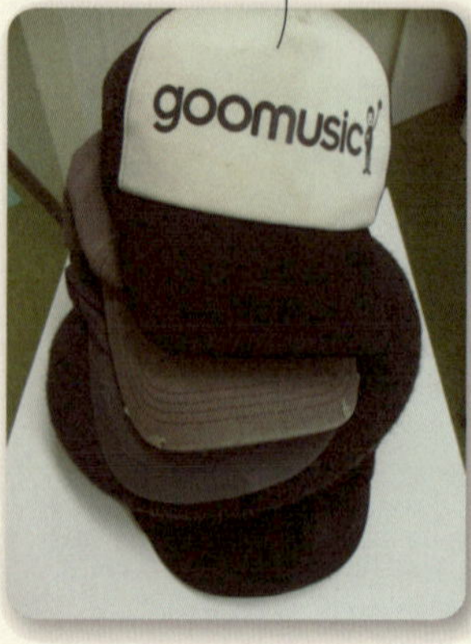

貝雷帽、畫家帽、漁夫帽等柔軟材質的帽子，可以用疊放的方式收納。

手套類

手套建議依功能用途來收納，分類時我們已經區分好，例如：禦寒手套、植栽手套、棉手套、機車用手套、塑膠手套等，而禦寒手套只有在冬天才會使用到，因此可以先收納在衣櫃或是抽屜內存放。機車防曬手套則放在機車內，定時換洗；植栽手套在弄盆栽時才會用到，也可以和植栽用具放在一起。

常用的手套類也可以善用 S 勾環 + 夾子來吊掛。

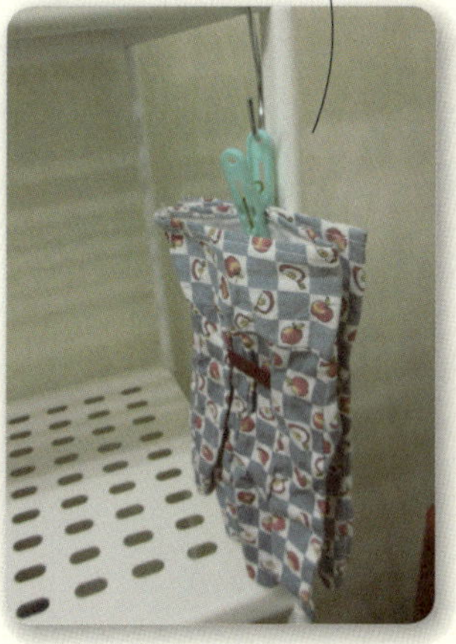

手套在擺放時，可以用直立式來收納好。

領帶類

領帶是穿著正式西裝時的必備物品，在收納時要特別注意，若是全部掛在一起，容易造成勾線頭或是材質損傷，建議用專用領帶架來讓它們一條條的有自己的空間，這樣要使用時也更一目瞭然。

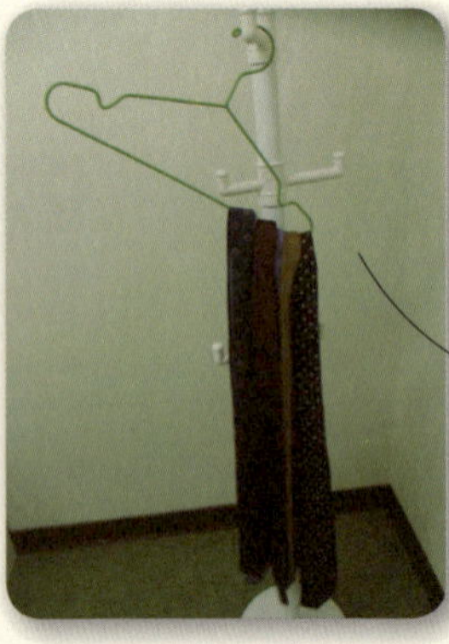

若是用一般衣架掛領帶，容易不平衡而往其中一邊滑落。

➲ 收納法 1：專用領帶架

生活工場有賣領帶專用衣架，可隨著抽取而敞開，讓領帶有專屬的空間吊掛。一支專用領帶架有 16 夾，可吊掛 16 條領帶。

➲ 收納法 2：鞋盒或紙盒

利用鞋盒或紙盒，將領帶捲好放入直立收納。

➲ 收納法 3：抽屜

捲好後放入抽屜裡收納也可以，建議抽屜有 10 公分左右高度會較適合。

眼鏡類

眼鏡有時候不只有一付，若是放在眼鏡盒雖可以保護它，但是有時會放到忘記而被遺落在某個角落，建議留給眼鏡專屬的放置空間，才能好好保護它們。

➲ 收納法 1：網架和專用掛勾

39 元大創商店便可以買到，將所有眼鏡一一掛上，既整齊又一目瞭然，視當天穿著來搭配眼鏡更方便。

➲ 收納法 2：淺紙盒或塑膠收納盒

將眼鏡收納至紙盒一付付排放，像是眼鏡店般的展示好，便能一目瞭然。

如果沒有專用掛勾，也可以直接將眼鏡掛在衣架上整齊排放。

飾品類

飾品放置在飾品盒是最理想狀態，擺在漂亮的容器上面也很賞心悅目，依項鍊、戒指、髮飾有不同的收納方式。

➲ 項鍊收納：

項鍊若是一條一條全部放在盒子中，總會全部纏在一起，為了避免這種情形發生，建議用透明的夾鏈袋分別裝起來再收納至盒子裡，打開盒子便可以更一目瞭然。

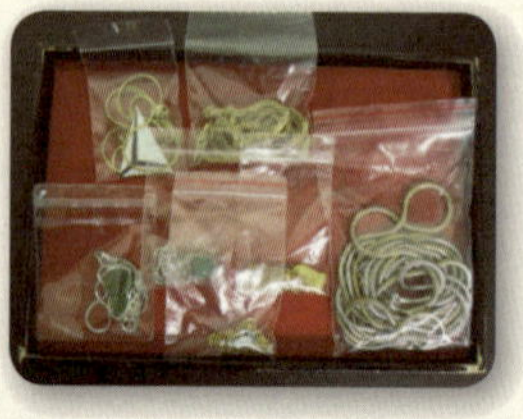

➲ 戒指耳環收納：

建議用收納戒指的珠寶盒將戒指夾住，直立式的擺放看起來最清楚，或是放在盤子上展示出來也很賞心悅目。

➲ 髮飾收納：

髮圈、髮帶、髮夾和髮箍……等，花樣種類繁多，不只是束起頭髮夾頭髮，除了美觀也是造型，數量少的話其實很好處理，拿個盒子或掛起來就可以了。但是當數量一發不可收拾，像開店規模時該怎麼辦呢？建議可以分類好用途及特性，例如髮圈類、髮夾類；婚禮適合、上班上課適合……等，以夾鍊袋或透明盒收納好，要使用時就能馬上找到需要的物品。

配件類摺法大公開

一般絲襪

STEP 1
將絲襪攤平放好。

STEP 2
將絲襪對齊摺好。

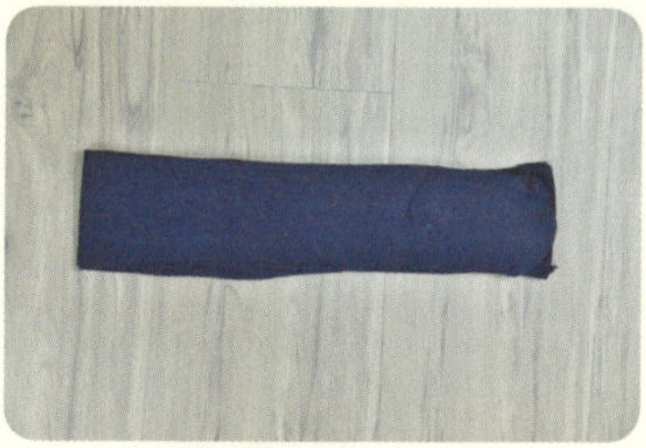

STEP 3
摺好的絲襪再對摺成一半。

STEP 4
由左捲至右即可。

FINISH!

船型絲襪

STEP 1
將絲襪攤平放好。

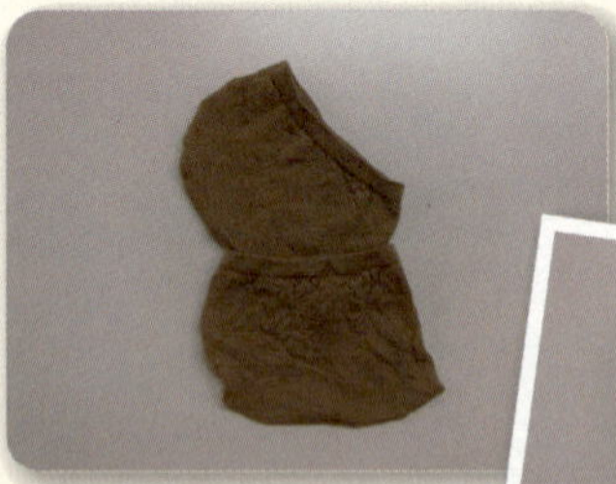

STEP 2
將一隻絲襪套入另一隻絲襪中，當要使用時就是一雙，不用再花時間找另一雙在哪裡。

圍巾

STEP 1
將圍巾攤平。

STEP 2
攤平後再對摺成一半。

STEP 3
由上往下捲即完成。

化妝保養品收納

大部分人家裡都有許多化妝品、保養品，這些大小不一的瓶罐，想要收納整齊實在有難度。在我們服務的案例中，許多人的收納方式，就是在化妝台上擺放著這些瓶瓶罐罐，但這樣不僅讓化妝空間變小，也讓房間看起來更雜亂不堪！

STEP 1——分類

以化妝保養品來說，質地就細分成膏狀、乳狀、液狀、粉狀，此外還有其相關工具，更需要分門別類的區分收納。分類時可同時檢視自己還擁有多少數量，才不會一再購買囤積，反而造成浪費。

化妝品分類清單

品項	內容
頭髮類	髮油、髮表染色劑、整髮液、髮蠟、髮膏、養髮液、髮膠、髮霜、染髮劑、燙髮用劑等。
眼部類	眉筆、眼線筆、睫毛膏、眼影膏、假睫毛、雙眼皮貼等。
臉部類	粉底霜、粉底液、粉餅、蜜粉、遮瑕膏、腮紅等。
唇部類	口紅、唇蜜、唇膏、唇部修護膏、唇線筆等。
手部類	指甲油、指甲油卸除液、護甲油等。
香水類	香水、香膏、花露水、香粉、爽身粉、體香膏、腋臭防止劑、止汗爽身噴霧等。
卸妝用品	卸妝油、卸妝霜、卸妝乳等。

保養品分類清單

品項	內容
頭髮類	洗髮精、潤絲精、護髮霜、定型液、造型液、造型慕斯、髮膠等。
臉部類	洗面乳、化妝水、保濕調理水、日霜、晚霜、面膜、眼膜、唇膜等。
手部類	護手霜、指緣油（指甲用）等。
身體類	沐浴乳、沐浴鹽、沐浴膠、磨砂膏、瘦身霜、滋潤乳液、芳香精油、去角質凝膠等。

收納的第 1 步，
就是先將物品
分類出來。

你也是像這樣，將
化妝品隨意堆放
在梳妝台上嗎？

STEP 2——抉擇

過期的化妝品、保養品成分會變質，若一味使用將會造成接觸性皮膚炎，出現發癢、紅腫等症狀，因此一定要定期檢視，過期即要淘汰。

除此之外，很多女性當了媽媽之後，化妝機會也日益減少，建議趁著收納整理的好時機，把沒有使用的化妝品淘汰，**只留下會使用的基本數量，每種類別建議至多不超過 5 種。**

哪些物品是需要抉擇、淘汰的？此步驟必須確實執行，才有利後續收納定位。

STEP 3——定位

定位時建議先考量自己的化妝習慣（頻繁與否）、化妝地點，如果有梳妝台就以此為據點，當作化妝品的家。若無梳妝台，就以化妝使用的鏡子當作據點，集中放置在其周邊的桌面、抽屜、收納櫃等。

另外，依照不同的化妝品、保養品，還要加以區分功能性，例如：化妝品、卸妝、保養、化妝小物等，然後再利用現有的抽屜櫃或收納盒來集中收納，再用小盒子或是分隔板區分類型，盡可能採直立收納方式，才能更一目瞭然。

收納法 1：桌面收納 & 抽屜收納

將化妝保養品擺放在桌面空間時，用品要集中分類、整齊劃一的放好，放在抽屜裡也是要掌握這個原則。

利用收納盒集中收納

抽屜內分隔收納

將物品集中分類放好，看起來更一目瞭然。

收納法 2：抽屜櫃 & 分隔板收納

將化妝品集中收納到櫃子裡，再依特性分隔層一一放好，放到抽屜裡也可適時用分隔板來收納，讓物品屬性更清楚明瞭。

化妝品集中收納再分隔

每隔再分隔收納

化妝品保養品備品

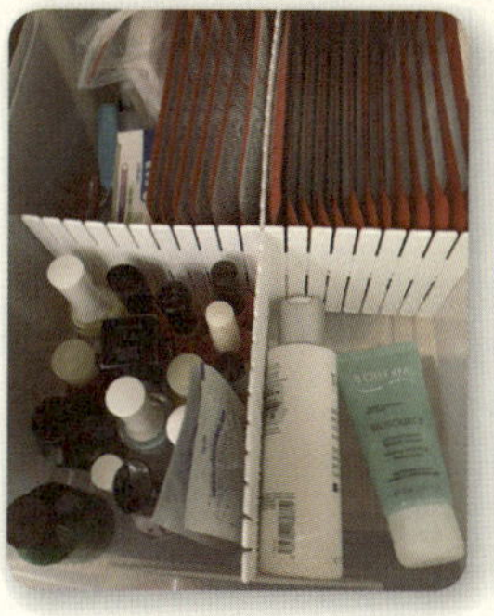

善用分隔板收納，物品更清楚明瞭。

Column 09

無心的浪費

每次在協助大家進行「居家收納」時，最常聽到對方帶著歡欣鼓舞的口氣說:「找到了！」可惜，隨之而來的下一句，也經常是:「過期了」、「壞掉了」、「不能用了……」

沒有人會刻意浪費物資、不珍惜買來的物品、食材，然而因為忙碌，使我們常常就在工作與生活的拉扯中，漸漸偏離我們辛勤努力所追求的美好樣子。

這些東西，已經把你家淹沒了嗎？

- 好不容易等到週年慶才一次買足的昂貴保養品。
- 同事出國旅遊帶回來的新奇零食。
- 捨不得穿的名牌鞋子。
- 總想著放個幾年再開來喝的洋酒、茗茶。
- 親戚送的，各種尺寸的孩童衣物、尿布、玩具。

每當放假，因為雜亂而根本不想待在家裡；或者，每次要找東西時又找不到？其實這些麻煩甚至浪費，都可以憑藉良好的收納，達到大幅度的改善喔！

PART 03

收納進階篇

空間整理技巧全曝光

房間 ROOM

衣物的處理幾乎佔了我們收納案例一半以上，我們最常遇到的情形就是：衣服種類多元卻沒有照類型收納，導致心儀的衣服時常找不到；過多的貼身備品埋在櫃子深處，以為不見又繼續添購，這樣的情形時常發生在每個人家中。

房間的收納空間，最大量即為衣服！一般人的衣櫥或更衣室的大小都早已超過負載容量，我們希望大家知道，**有效的收納是必須保留 3 成的空間，因此要學習與自己溝通，留下真正有在穿的衣物。**

NOTE!

Step1分類、Step2抉擇，幾乎會佔整個收納流程70%的時間，因此在做分類的動作時，建議以午餐時間作為區隔，不僅可以休息，更能減低分類時的枯燥感。另外，若在別的空間區域，發現有同類的商品時，請記得必須將此類物品集中在一起。

多數人家中的衣櫃打開都是長這樣，長長短短的衣物掛在一起，下方塞滿日常備品。

你家也有這麼多「衣服山」嗎？

STEP 1——分類

依據 3 步驟收納術的原則，首先我們要將房間裡所有的衣服及衣物配件，全部攤出來。衣服的種類繁多，通常會把分類的衣服放滿床上與地上，建議可以事先鋪上乾淨的大垃圾袋或地墊，讓衣物放在上面以保持乾淨。

衣物分類與收納法

除了依照男主人、女主人、小孩、長輩等區分收納空間外，還必須按照衣服種類來分類（可參照PART2的衣物收納篇，分為上衣、下著、外套、貼身衣物……等）。

- **上衣**：利用「直立式捲摺法」收納，可以節省空間又不易皺。
- **外套**：以相同的衣架吊掛收藏，要把拉鍊或釦子扣上，以免交纏在一起。
- **下著／洋裝**：裙子、褲子可以不同材質，選擇吊掛或是摺疊平放。
- **衣物配件**：收納在抽屜裡以分隔板做區別，若無足夠的抽屜可使用收納籃集中再規劃定位。

將衣服採用直立式收納法，看起來整齊又一目瞭然。

衣物類可善加利用抽屜式的收納用品，不論是採捲摺式或是直立式的收納摺疊法，將衣物放到抽屜裡就能看起來井然有序、乾淨整齊，最好是選擇透明（霧面）的款式，這樣能更一目瞭然。

選擇抽屜式收納籃時，可以挑選 DIY 組合式的，能讓居家呈現不同的變化喔！

（樹德 SHUTER ／ KD-2936A 悠活置物箱）

帶有霧面、半透明的收納籃，在收納衣物時更能一目瞭然呢！

（樹德 SHUTER ／ KD-2638X 巧拼收納箱）

包包分類與收納

除了衣服之外，還有令人頭痛的就是大小不一的包款，從款式、材質及使用率等都是必須考量的部分，而不同種類的包包也有不同的收納方式。

- **皮包**：一般來說皮質的包款，不管是人工或真皮都有發霉的疑慮，建議在衣櫃一角使用S形掛勾收納。
- **布包**：因為材質柔軟，可以凹或是摺小，因此多半使用整理箱平放一起。

以吊掛的方式收納包包，不僅可防止發霉，同時一目瞭然。

STEP 2——抉擇

抉擇衣物前請先花幾分鐘與自己溝通，只留下真正喜歡的衣物，而至於「以後會穿、瘦了可以穿、好幾年沒穿、根本不想穿的衣物……」就可以考慮趁機送人或是回收，**有效的收納，就是要配合自己真正的需求。**

抉擇需要循序漸進的逐步進入狀況，所以必須從衣物狀況較差的開始淘汰，例如：泛黃、污漬、領口鬆掉的衣服。在此必須強調，倘若不願意丟棄的衣物或丟掉數量非常少，那麼收納的效果就不會很好，且和想像中有落差。當這一步做得順暢，就能直接上架並減少時間在取捨，增加效率。

抉擇衣物前請先花幾分鐘與自己溝通，只留下真正喜歡的衣物吧！

STEP 3——定位

衣物在定位前，必須先摺好再定位，而 PART2 我們已列出每種衣服的基本摺法，當摺好衣服要定位時，還必須遵循以下 3 大重點。

- **POINT1：衣物種類：**衣物分類完、摺好後，按種類區分好。
- **POINT2：收納空間高度：**觀察並測量自己所有的衣櫃和收納櫃的高度及空間。
- **POINT3：個人使用習慣：**依個人使用頻率、喜好放置的位置，由上而下、由前往後排序。

房間

先摺好衣物才能定位

PART2 已經有詳細介紹衣物基本摺法了，這邊我們再次做個衣物摺法的重點整理。通常襯衫、外套、西裝、洋裝都是用吊掛的方式收納，需要摺的衣物類就是 T-SHIRT、褲子等，以下的收納方法針對非吊掛的衣物解說。

➲ **背心：**因為背心材質都比較軟，用捲的疊起來即可，若家裡是用抽屜櫃來收納，則需要捲成與抽屜櫃一樣的高度。

➲ **上衣**：上衣類最常見的，就是需要收納在抽屜櫃的長短 T-SHIRT 與毛衣，利用直立式收納法來收納，並在摺衣服之前考量到抽屜櫃的深度以及寬度，就能估算收納的衣服量。

➲ **下著**：下衣類基本上都是要收納在抽屜櫃，幾乎所有長褲、短褲、裙子（裙子若過長建議用吊掛的方式），都可以利用直立式收納法來收納。在摺下衣之前，要記得考量到抽屜櫃的深度以及寬度，才能估算收納的下衣量。

➲ **襪子：**襪子的收納只要疊起來對摺或是捲起來，排成一列即可，倘若家中有像右圖的格子收納籃也可以善加利用。

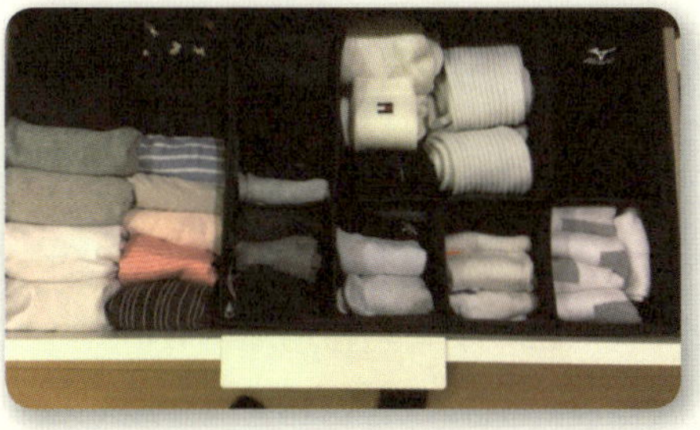

➲ **包包：**包包收納必須衡量個人習慣，不像上述的固定收納方法，大部分可分為以下 3 種。

使用頻率	收納方式
低	放衣櫃最上方，盡量用塑膠袋套住收納。
中	經常使用的不同包款，可空出衣櫃的櫃子，依照自己的身高（約在胸前的位置），收納在容易拿取的位置。
高	最常使用的包包可以收納在玄關處，一出門就可以拎著包包出門。

經常使用的不同包款，可收納在衣櫃容易拿取的位置。

實景收納圖解

衣櫃尺寸、大小都不相同，以下針對常見的衣櫃種類來做收納教學。

一般衣櫃收納 1

此為典型的衣櫃類型，上半部可吊掛，中間有兩格很深的空格，下半部為抽屜收納。大多數人家中的衣櫃都是這種類型，對於我們來說，中間兩格的這種設計並不方便，因為格子很深，放在後面的衣服會被前面的衣服遮住，完全看不到，穿的機率自然就不高，甚至會擠在後面全部變形。所以建議買收納籃或是用自備的紙盒當成額外的抽屜，要穿的時候可以全部抽出來，便能一目瞭然，空間也不會浪費。

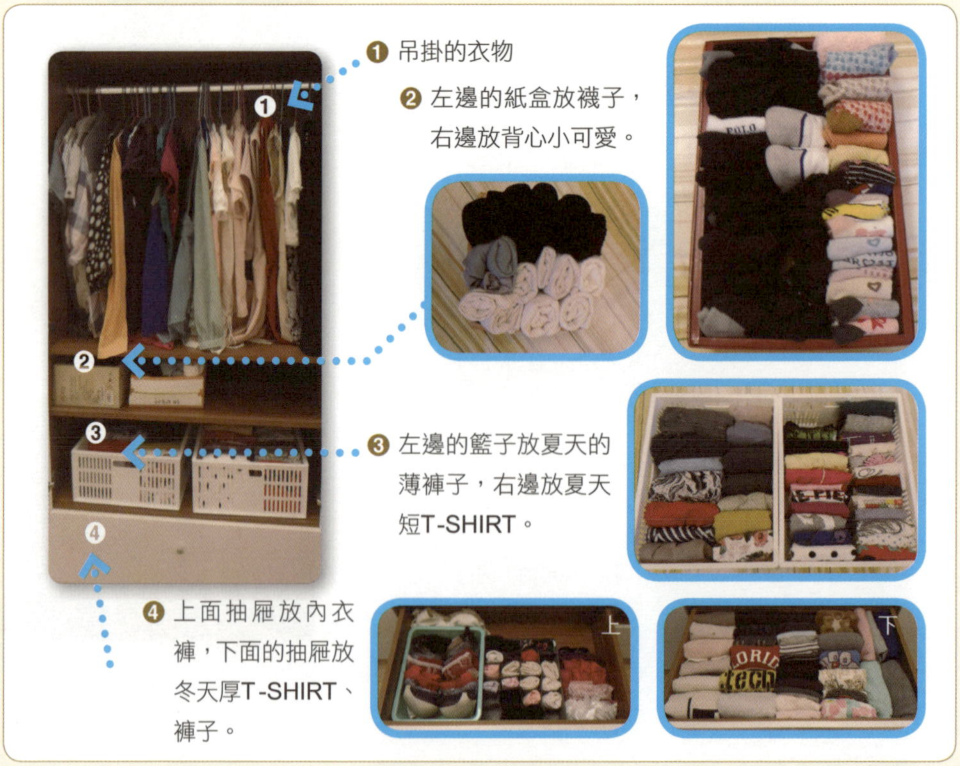

❶ 吊掛的衣物
❷ 左邊的紙盒放襪子，右邊放背心小可愛。
❸ 左邊的籃子放夏天的薄褲子，右邊放夏天短T-SHIRT。
❹ 上面抽屜放內衣褲，下面的抽屜放冬天厚T-SHIRT、褲子。

一般衣櫃收納 2

夫妻共用衣櫃的話，可以紅線區格左右，左邊為老公衣物，右邊為老婆衣物。

❶ 放置夫妻不常用的包包。
❷ 抽屜櫃收納老公的 T-SHIRT，若沒有其餘的抽屜櫃可以收納褲子，可將褲子利用收納箱往上疊。
❸ 收納家裡的床包。
❹ 上衣類利用捲的收納方法。
❺ 配件類可收納在此區。

房間

衣櫃上方收納

衣櫃上方的空間，建議加以利用。

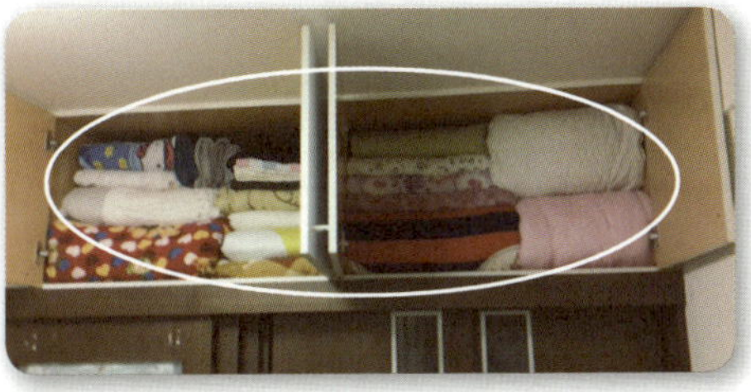

通常都是放換季的棉被與床單，或是不常使用的包包或換季衣服。

大型衣櫃收納 1

若是家裡的衣櫃類似底下的大型櫃，建議可以依照以下方式來收納。

❶ 從左至右，掛厚到薄的衣物，並按照種類收納。
❷ 電視下方是整排衣櫃唯一的抽屜櫃收納空間，可以把睡衣與短袖衣褲收納於此。

大型衣櫃收納 2

這種大衣櫃是以吊掛為主，因為沒有抽屜無法收納褲子，建議可以添購抽屜櫃，收納下身與配件類。

❶ 依照季節與種類分好每一格，箭頭從左至右，依衣服由厚到薄來吊掛。
❷ 這邊是放置抽屜櫃的地方，因為之後會添加櫃子，所以先將下身類衣服摺好，待買好櫃子即可直接定位。
❸ 若禮服類、洋裝類較多，可以獨立一格放置。

衣櫃裡面放抽屜櫃

此為圖中下方的衣櫃，主要是要介紹褲子的收納。

❶ 在抽屜櫃上面放小可愛、坦克背心，捲起來利用紙袋收納即可，要穿時直接抽出來。

❷ 裡面可以放置抽屜櫃，將褲子利用直立式收納法收納。

更衣室收納 1

有的人家裡會設計更衣室，吊掛與抽屜櫃收納空間都很充足，圖中為收納兒童衣服與耗品類。

❶ 吊掛的孩童衣物，都是外套類與預備長大的衣物。

❷ 吊掛衣物下方有很大的空間，可以在此加入一個收納盒，或是抽屜櫃來收納衣物。

❸ 其餘的包屁衣、上衣、下衣，都利用直立式收納於第一層。

❹ 底下兩層可以放毛巾類與孩童的手帕、口水巾。

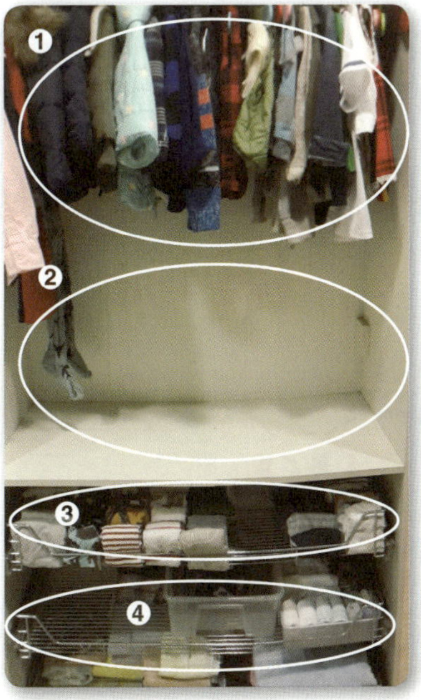

更衣室收納 2

夫妻共用的更衣室櫃，因為櫃子大，除了放衣物也可以放常用的美容美髮小物、衛浴備品。

❶ 此為老婆衣物，左邊是洋裝類，右邊為襯衫長袖及外套，依薄到厚來放置。

❷ 抽屜第 1 層可放老婆短褲、第 2 層放老公短褲，第 3 層可空下預留未來使用。

❸ 若更衣室內有浴室，此格可放置待洗衣物區。

❹ 最上層為帽子類、第 2 層放平常使用的化妝品與保養品、第 3 層放外出旅行包，一拎就可以出門。

❺ 第 1 ～ 2 層抽屜櫃，放吹風機、電棒捲等美髮美容用具。第 3 層為衛浴備品（牙刷、牙膏、洗髮精等等）。

Column 10

讓我們送你一束鮮花

大家還記得小學國語課本的「一束鮮花」故事嗎？

髒亂懶惰、蓬頭垢面的人，得到一束朋友贈與的白色鮮花。先是找出塵封已久的花瓶，發現花瓶太髒與鮮花不搭稱，洗了花瓶後擺上桌，隨即又擦拭整理髒亂的桌子，環顧四周發現屋內佈滿蜘蛛網髒亂不堪，就這樣掃呀掃的，最後連整個人都變得清爽潔淨。

課文最後寫道：「一束潔白的鮮花，使他整個人和環境都改變了、美化了。這真是他當初所想不到的。」收納也是一樣，我們也一次次陪同對方經歷這樣戲劇化的改變！

像是破窗理論一般，被丟了垃圾的廣場，不久後就會成為一座垃圾山。反之，一鼓作氣收納好的整潔環境，也讓人不忍心破壞，自然而然就維持了這樣的美好，甚至更進一步追求居家的幸福，由外而內，提升了自己的自信、家人間的親密感。不論是獨身、有伴的各種家庭形式，家終究是我們最後的港灣，天底下沒有什麼比美好舒適的居家，更令人安心自在。

凡事起頭難，請讓我們送你一束白色的鮮花吧！

客廳 LIVING ROOM

客廳是家人共聚的場所，也是招待客人的地方，可以說是家裡的中心，但卻是大部分人堆積雜物最多的地方，甚至是大家把東西隨手一扔的區域。因此在收納客廳時，要以全家人的使用習慣、動線來考慮為主。

忙碌了一天，回到凌亂不堪的家裡，反而造成心情更「阿雜」。

STEP 1——分類

將客廳所有物品逐一拿出，依物品類型歸屬於它的分類，若在此步驟有找到紙袋、紙盒，便可以將相同物品放在一起，讓分類更清楚。當所有物品分類完，原本收納的區域會清空，如此一來才能知道全部物品的數量。我們建議分類時，可在客廳清出一個空間，將椅子、桌子挪開，創造出一個空間進行分類。

分類就是收納專業的基本功，客廳區域的所有物品必須確實分類，種類分得越清楚，在步驟 3「定位」時的速度就會事半功倍。因為分類是最重要的一個環節，若是雜物分類越詳細，就可以加速分類時的速度。

3C 產品

- **電視類**：CD、DVD、寬頻數據機、電視機上盒。
- **電腦類**：隨身碟、滑鼠、鍵盤、喇叭、讀卡機、耳機、掃描機、影印機。
- **手機類**：手機殼、充電器。
- **平板類**：平板殼、保護貼。
- **相機類**：相機殼、腳架（尺寸問題）、底片、攝影器材。
- **其他類**：電池、電線、充電器、計算機、導航、變壓器、相關軟體光碟、翻譯機。

文具用品

- **書寫類**：鉛筆、鉛筆芯、原子筆、尺、橡皮擦。
- **紙製類**：筆記本、行事曆、便利貼、圖畫紙、貼紙、紅包、卡片、書籤。
- **繪畫類**：色鉛筆、麥克筆、彩色筆、蠟筆。
- **黏貼類**：雙面膠、膠帶、白膠、口紅膠、膠水。
- **收納類**：檔案夾、相本、鉛筆盒、書架。
- **事務類**：剪刀、打孔機、夾子、拆信刀、護貝機、釘書針、釘書機、美工刀、削鉛筆機、印泥。

先把物品分類好後，再把同類的東西擺放一起。

★紅字代表需要另外分類。

紙製用品

- **文件類：**會員卡、傳單、保單、稅單、成績單、折價券、集點卡、收據、發票、名片、卡片信件、保證書。
- **書籍類：**雜誌、書本、期刊、月刊、型錄。
- **其他類：**紙箱、紙盒、紙袋。

食物品項

- **乾糧類：**餅乾、零食、果乾。
- **飲料類：**茶包、沖泡粉類食物、罐裝飲料。
- **保健類：**膠囊類、粉類、液體類。
- **餐具類：**碗、筷子、吸管、免洗餐具。

生活用品

- **外用類：**小護士、蚊子藥、薄荷棒、軟膏。
- **內服類：**止痛藥、喉嚨藥、胃散、感冒藥、潤喉藥。
- **醫療類：**OK 繃、透氣膠帶、繃帶、棉棒、棉球、紗布、紅藥水、冷熱袋、耳溫槍、血壓計。
- **口腔類：**牙線棒、口罩、牙籤、牙膏、牙刷、漱口水。
- **修甲類：**美甲組。
- **耗品類：**衛生紙、面紙。

家用工具

- **工具類：**鉗子、鎚子、螺絲起子、工具箱、黏著劑、大膠帶、電動工具、捲尺。

Column 11

請與「降格組」說分手吧

什麼是「降格組」呢？就是在進行物品「斷捨離」後，猶豫不決，或者又從「不要」的那組，再拿回來的東西。

- ☑ 過時的舊衣服 ➲ 拿來當睡衣穿
- ☑ 用破的舊毛巾 ➲ 拿來當地墊
- ☑ 喜餅的盒子 ➲ 拿來擺放雜物
- ☑ 購物袋、環保袋 ➲ 哪一天要送禮就會用到啊

我們反覆做這種與「斷捨離」違背的事情，還用「節省與環保」當作盾牌。被拿來當睡衣的舊衣，已經超過十件。一天換一件打算穿到什麼時候？拿來當地墊的破布，已經多到放不下。這樣子到底是節省、環保？還是增添自己的麻煩、自欺欺人？

原本買來當作外衣的舊衣服，材質和款式一點也不適合睡覺時穿，可是因為「捨不得」丟棄，卻要「委屈」自己使用，其實根本沒再穿。破毛巾當地墊，用髒了可以直接丟不用洗，好像很方便，可是沒有止滑功能的破布，在浴室或廚房會發生意想不到的危險，脫落的毛屑更是增添打掃的麻煩，甚至數量太多根本放不下。

你值得擁有最好的選擇！

「收納」不只是丟東西，而是在有效地整理後，將有限的空間，留給最喜歡的物品。已經不堪使用、不符使用功能的物品，請果斷地拋棄，因為你值得擁有最好的選擇！

STEP 2——抉擇

我們建議大家先挑出狀況最差的物品，捫心自問真的會用的到嗎？再循序漸進挑出有時效性的物品，也可以請家人一起抉擇來增加效率。

在一邊抉擇中，同時反省過去是否過於浪費，買了太多無用的東西，或是重覆購買，讓我們重新檢視自己的購物及生活習慣。

STEP 3——定位

定位時要依照空間需求來定位物品，主要重點包括「按需求挑選擺放位置」、「利用收納籃增加機能」、「彈性擴充區域」，善用隱藏和展示的方式進行。另外，要務必注意**相同物品請集中收納**，而電視櫃與側邊櫃裡頭，還可添購分隔收納盒，把生活物品全部隱藏，包括遙控器、電池等。

除此之外，也可以透過開放式層架，展示設計收藏品、書本、DVD 等，創造視覺美感並展現屋主生活品味。

物品準備定位時，要掌握的就是一目瞭然的原則，因此定位前有以下 3 大重點要注意。

- **POINT1：衡量物品的高度、使用年限。**
- **POINT2：收納空間的高度。**
- **POINT3：考慮自己的身高、使用習慣來擺放。**

實景收納圖解

客廳擺設的傢俱櫃，每個人家中都不太相同，底下列出常見的幾種傢俱櫃收納方式。

電視櫃

電視櫃的收納，大多可分為 3 個區域來進行。

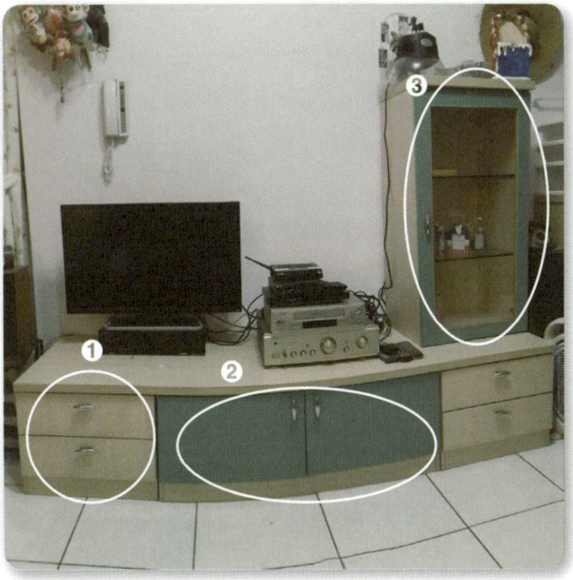

❶ 電視櫃下層，通常會收納與影音有關連的 DVD、CD 或 3C 用品。

❷ 圖中的櫃子因收納空間足夠，這裡可收納家庭裡會使用的工具類、工具箱。

❸ 展示櫃可擺入觀賞性物品，例如：玩偶、公仔、照片。

無電視櫃收納

家裡無電視櫃的話，客廳櫃子的收納可參考如下。

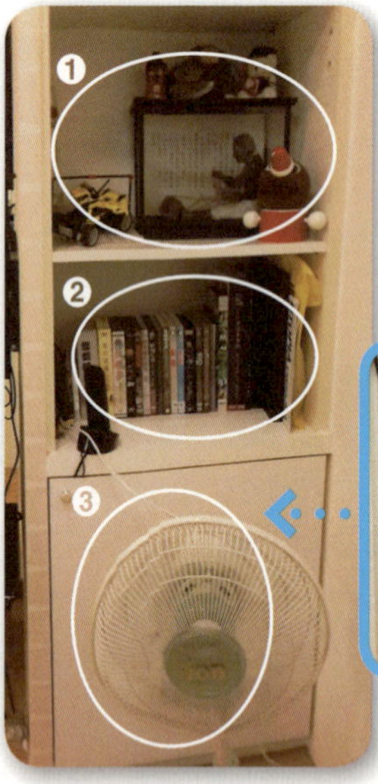

❶ 此格高度較高，屬於不好拿取的位置，故可擺放自己喜歡的擺飾、玩偶、紀念品。

❷ 在電視後面且拿取容易，看到電視就會想到影音相關的光碟類。

❸ 櫃子下方打開還有兩格，通常都會放小東西，讓我們低頭就可以一目瞭然。上格擺外用與內服藥品，下格擺工具箱與消耗品。

大櫃子收納

家裡客廳有這種大櫃子的話，可參考底下方式收納。

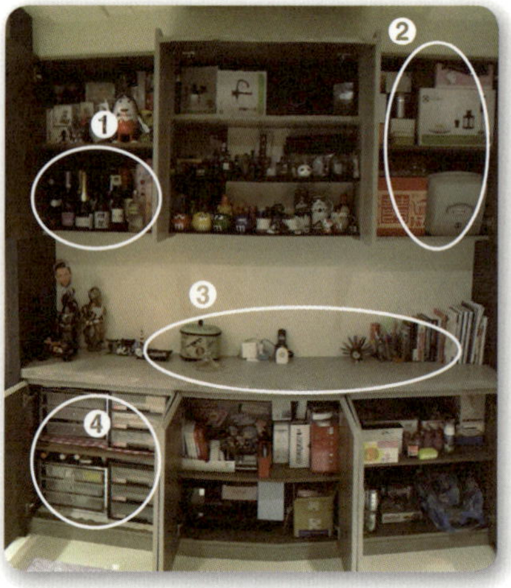

❶ 高處空間的使用頻率低，若家裡有酒瓶可放置在此，因酒瓶屬於高長型，仰頭即可看見，從內到外由高排到矮，故可一目瞭然。

❷ 放置較少用到的大型物品。

❸ 可放置使用頻率高、常用的手機充電座、圖畫筆、書籍。

❹ 低處空間可擺放使用頻率低的物品、小東西，例如消耗品、藥品、小東西都擺在此區，因為東西體積較小，低頭看所有物品便可一目瞭然。

客廳書櫃收納

書籍的分類，可以依照大小與類型擺放，圖中為家長與孩童的書櫃。

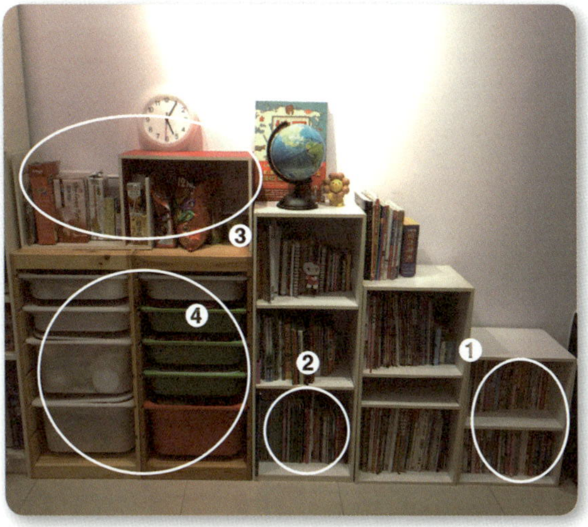

❶ 大人和小孩的書籍分格放好，最右邊可放置大人書籍，其他放小孩書籍。

❷ 兒童書籍照大小及種類收納好，看起來才會整齊。

❸ 因為高度關係，此區拿取非常容易，故規劃零食區，這樣不只拿取方便，零食也不容易擺到過期。

❹ 此為可以把儲物盒放進去的收納設計，故把兒童玩具、文具都收納於此儲物盒中，也可以訓練兒童收納的能力。

這類置物盒，也很適合用來收納兒童玩具喔（樹德 SHUTER／塔塔家置物箱）！

Column 12

收納要一鼓作氣

「每天的生活都被『整理』追著跑，忙得不可開交，無論怎麼整理就是整理不好，然後拖拖拉拉持續這樣的生活十年、二十年。」——這句話出自近藤麻理惠。

「很多時候我們不用購買，物品（贈品、禮品、商品目錄、免洗筷、醬料包……）就會自己送上門來。」——這句話出自山下英子。

這種場景就像不斷淤積的水池，使人動彈不得，可是為什麼我們還是不願意收納呢？

「畢竟只要放著不管，淤積也會沉澱。」
「一旦到處翻攪，連上方清澈的部分也會變得混濁。」

當我讀到這些文字的時候，簡直心驚膽顫。收納似乎是種不斷循環的麻煩，讓人逃不掉，又不想面對。在我們見證數百個家庭後，更直接應證了書裡的說法與結論，並忍不住想道：「收納也是有分流派的啊！」

這樣的說法，在面對收納專業如此陌生的台灣，或許會被笑誇張。不過你一定看過教人整理的書或是專家，打著「一天一點好輕鬆」的整理口號，或是販售收納產品的商家誇張地寫道「你不可或缺的收納法寶」，若說這些話術，是使我們陷入整理漩渦的陷阱，一點也不為過。

正因為人都有害怕改變、逃避麻煩的心理，收納才需要一鼓作氣。

一口氣收納完的屋子，那種戲劇化的改變，只要體驗過一次，一定會永生難忘。一口氣拋棄過去的淤積，自由暢快地徜徉在舒適的家裡，只要有過那種經驗，就會徹底地認知到「改變可以做到」、「夢想可以成真」！

【一鼓作氣】

廚房 KITCHEN

在做廚房收納的時候，首先要觀察家中廚房的收納空間，例如物品擺放的位置、同類型物品集中、物品集中之後的數量有多少，要以動線和使用者安全為第一考量，來規劃設計定位。

STEP 1——分類

照著 3 步驟收納術「分類、抉擇、定位」的技巧來收納，首先我們要將廚房雜物分成大項目來集中擺放，總共約可分成調理器具、用餐器具、食物、其他類（廚房雜物、清潔用品、保鮮膜、錫箔紙、廚房電器、抽油煙機與瓦斯桶）等，再丟掉已經不要或過期的東西，最後把需要的東西給定位。

調理器具

- **炒鍋、平底鍋：**相同形狀的可以堆疊收納，或是利用檔案盒直立收納。
- **鍋子：**可堆疊收納，若有蓋子可全部集中直立收納。
- **鍋鏟、湯杓：**可收納於抽屜集中，或是掛勾吊掛，若有吊桿就利用 S 掛勾吊掛。
- **調理器具／工具：**收納在抽屜裡以分隔板做區別，若無足夠的抽屜，可使用收納籃集中再規劃定位。
- **電子秤：**不可直立，上方不可放東西，容易損壞。

鍋鏟湯杓可收納於抽屜集中放好。

用餐器具

- **碗盤：**堆疊收納時，可用廚房堆疊層架做分隔，一般廚房上方的收納櫃空間高度較高，這樣可以充分利用上方的空間，分隔之後也比全部堆疊方便拿取。此外收納碗盤類的收納櫃下方，建議鋪上止滑墊防滑。
- **筷匙刀叉：**收納在抽屜裡再分隔區別。亦可用容器直立收納。

收納在抽屜裡再以分隔盒來區別。

食物

- **調味料：**收納在瓦斯爐周圍，方便烹煮時調味。若有鐵架分隔的抽屜可直接利用，若無可利用收納籃集中收納。
- **食材、乾貨：**就近收納在櫥櫃裡，或是有合適的開放櫥櫃，也可以直接擺放出來，看得見比較容易食用。
- **零食：**可視情況集中在廚房或是客廳，若空間足夠也可以跟食材、乾貨一起集中，但是一定要區隔開來。
- **酒、茶、咖啡：**避免放置於高溫處。
- **罐頭類：**要注意開瓶後，一定要冷藏。

其他

- **清潔用品**：菜瓜布、抹布、清潔劑等用品，可收納於水槽下方，水槽周邊要盡可能淨空（方便擺放瀝水的餐具）。
- **保鮮膜、錫箔紙**：保鮮膜要就近烹煮食物，冰箱的位置或是檯面。錫箔紙、烤箱手套要放在烤箱附近。
- **常用的廚房電器**：例如電鍋、烤箱、微波爐等，通常不會特地變更位置，若原本的位置定位不佳（例如電器分散），則可視情況調整位置。
- **不常用的廚房電器**：例如鬆餅機、攪拌器、插電平底鍋，可收納於櫥櫃最上方或是最下方。
- **抽油煙機**：抽油煙機的濾油網、廚房紙巾的備品，可收納於抽油煙機上方。
- **瓦斯桶**：若瓦斯桶安裝在瓦斯爐下方或是收納櫃裡面，且收納空間不足必須利用此空間擺放物品時，可擺放鍋子、調味料等等，但是要注意更換瓦斯桶的路線必須保持暢通。

瓦斯桶附近可擺放調味料。

STEP 2——抉擇

分類後的第一件事，就是把有可能過期的調味料和乾貨、粉類等都找出來，逐一檢查保存期限，只要是過期品，就馬上丟掉。除此之外，還沒過期的也要逐一檢查，是否因保存不當而發霉、變壞，因為不常用的調味料或醬料，最有可能變質了卻還留在廚房裡。

另外，有些老舊的廚具或材質不佳的鍋具都應該淘汰，例如易產生毒素的鋁製品。收納時可將大型鍋具放入櫃子前，先收納鍋蓋再依據鍋子尺寸由下往上疊來做收納。

STEP 3——定位

若家中有孕婦、長輩、小孩、寵物，可依需求調整物品定位的高度。例如家中有小孩，就要注意刀具擺放的高度，不讓小孩能輕易拿取；若家中有寵物，就要注意食物收納的位置，檯面不能擺放太多東西，以免被寵物破壞或偷吃。

善用「聯想法」定位物品

在將各類廚房物品定位的時候，可以運用「聯想法」，例如將家電擺放在插頭位置附近、清潔用品擺在水槽下方，而冰箱的收納技巧也很重要，底下會詳細說明。

廚房物品定位聯想法

物品	放置
鍋子、鐵金屬	瓦斯爐下
水杯	水源附近（熱水器或是濾水器）
清潔用品	水槽下方
家電	插頭位置附近

這裡舉個例子，家裡的飲用水區（喝水的地方），如何利用「聯想法」來收納呢？其實很簡單！

> **重點就是：將杯子及沖泡材料集中放置。**

聯想法活用範例：

規劃「飲水區」 依照「聯想法」，將杯子及沖泡材料與水源集中放置！

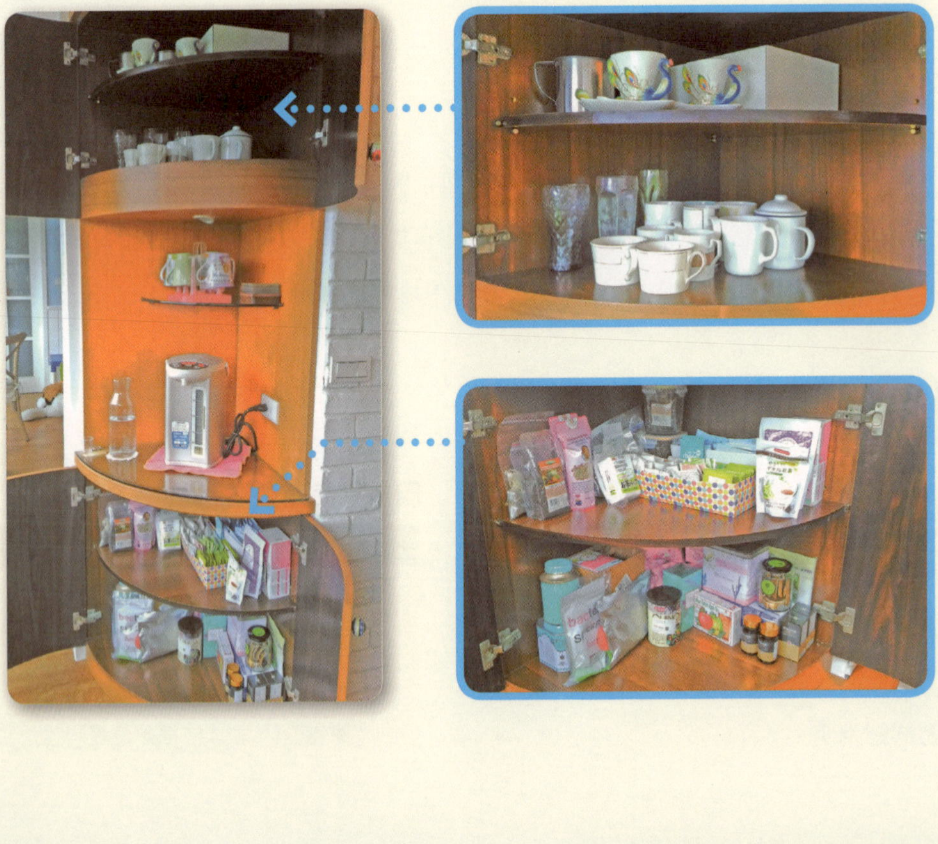

讓冰箱一目瞭然的收納法

整個冰箱空間應保持 20 ～ 30% 的閒置空間，必須保持冷藏空氣流通，才能延長食物保鮮與冰箱壽命，除此之外，也可以善用小物來收納喔！另外，若是食物有用報紙、塑膠袋、外包裝來包裝，建議改用密封盒裝，避免氣味、血水汁液交互汙染，按照下頁「冰箱實景收納圖解」的收納法，不僅找東西快速方便（省電節電），而且食物擺放明顯位置（不怕再忘記用、忘記吃），有多少吃多少，沒有位置就不多買。現在就開始改變塞滿冰箱的習慣，利用「收納」控制欲望和開銷，結束浪費的開始！

冰箱收納定位訣竅

按照 3 步驟收納術，將冰箱進行分類→抉擇（丟掉過期品、醬料包等），就要開始進行定位了。第 1 步驟時就將所有食品依用途分類好，例如即期食品（微波食品、已經處理好的食材加熱後即可食用）、剩菜區、生肉區、蔬菜水果區、零食區、乾貨區、藥品區等等。

1. **冰箱門：**由上至下，放置「乾貨藥品→開過的零食→雞蛋→小罐醬料→大瓶醬料、酒類、飲料」。擺放時要特別注意重量的平均分配，若是醬料瓶罐數量太多，就要移往冷藏區下層。
2. **冷藏區：**由上至下，放置「熟食→牛豬類→雞肉類→海產類→蔬菜水果類」。冰箱的空氣流通方式是由上至下再循環回去，所以熟食放在最上層，可確保食物的新鮮以及即時食用的安全。最下層抽屜放蔬菜水果類，可保持水分及新鮮度，葉菜類需要以紙袋包覆，根莖類則用收納盒以直立式擺放收納。
3. **冷凍區：**擺放冷凍物品時要記得不要擋到出風口，以維持整個冰箱的通風，且冷凍食品的期限因為較久，容易因忽略而過期，因此更需特別注意。建議以收納盒讓每袋食品都排排站好，或利用書擋、平底保鮮袋放置，再貼上標籤寫物品名稱與日期，並將有效期限越近的擺在越前面，快到期的食品盡快食用完畢。

實景收納圖解

廚房的空間，可以獨立劃分成不同區塊，依下依區塊來介紹。

冰箱收納

❶ 按收納原則分層擺放，因為冰箱越上面越冷，需要低溫保存的熟食、高級巧克力等放最上層。

❷ 拆掉一層隔板，用小型收納籃分類：半熟食、調理包等，將物品立著放最清楚。

❸❹ 可以直接食用的麵包、奶製品要獨立存放。

❺ 不用放冰箱也沒關係的乾貨（辣椒乾、乾香菇等），請放在最下層。

❻ 冰箱門邊可集中收納各種罐頭、飲料、醬料、牛奶、雞蛋、開過的零食。

NOTE!

蔬果類：可用報紙等包裹，放在最下層的抽屜裡（避免凍傷）。冰箱門旁：放雞蛋時尖端應該朝下，才能保持新鮮。

流理台下方收納

依照聯想法，水槽下方可以收納清潔用品。

置物櫃收納 1

將物品分類好後，集中放置在櫃子裡，此為碗盤區。

置物櫃收納 2

衡量櫃子的空間來擺放廚具家電（放置在插頭附近），其他辛香料等瓶瓶罐罐可用收納籃集中放置。

置物櫃收納 3

食物依照零食、飲料、食材等類型來區隔，分開收納、減少種類混雜，降低放到過期的機率。

Tips: 善用小物來收納廚房物品

- **收納籃**：測量好收納櫥櫃的長寬，購買大小合適的收納籃，便於集中收納。
- **抽屜分隔板**：方便收納筷匙刀叉，或是廚房用品。
- **吊桿、S 掛勾**：吊掛收納時可直接地用。
- **檔案盒、鍋蓋架**：鍋具、鍋蓋可直立收納。
- **收納架**：碗盤堆疊收納時，可用廚房收納架做分隔。
- **止滑墊**：收納碗盤時墊底止滑。

小孩玩具室
KIDS ROOM

有些父母會提供小孩一個獨立的遊戲空間，這個空間建議以開放性隔間為佳，材質運用以安全為主。小孩玩具室的收納，要盡可能以開放式規劃方便拿與收，而在家具的選擇上建議以無銳角、布質元素為主。

雖然看起來不是太雜亂，但是東西沒分類隨便放置，要找時就很容易找不到。

家裡的小孩玩具室，也像這樣凌亂嗎？

STEP 1——分類

首先我們要將玩具分成室內用品、戶外用品等大項目，並且將同類型的集中擺放，大型的戶外用品可以收納在門口收納櫃、陽台、遊戲室、儲藏室等。分類的同時，可以詢問孩子們想怎麼規劃這個空間，藉此讓他們有參與感，也可多加利用玩具盒、收納籃或收納車來儲藏。

室內用品

- **玩具車**：各類型車子，有大有小全部集中放好。
- **射擊類**：BB 槍跟子彈、弓箭跟箭，一起收納不分散。
- **樂器**：大型樂器的位置不動（例如：鋼琴），而小型的烏克麗麗、口琴、吉他等等可以集中收納。
- **童書**：若沒有獨立書櫃，可集中收納到書櫃裡，成為一個兒童專區。
- **教具**：書籍等特殊教具，可集中收納到兒童書櫃專區，或是收納在書櫃、兒童書桌周邊。
- **繪畫用具**：畫筆集中到一個收納櫃專區放置，或是收納在兒童桌的桌面周邊。大張畫紙可以捲起來收納、小張畫紙則和彩色筆等畫筆一起收納即可。
- **拼圖、拼字卡**：通常為一盒一組，集中收納在書櫃或是收納櫃。
- **樂高**：若是一組的通常有專屬的盒子，沒有的話可以視數量，收納到合適的盒子裡。數量少的，則可以收到塑膠盒或是夾鏈袋裡。

收納的第一步驟，就是把所有物品拿出來，按項目類別逐一分類清楚。

- **貼紙**：姓名貼紙、卡通貼紙，所有貼紙集中在透明 L 型資料夾，跟貼紙簿一起收納到書櫃或是收納櫃。
- **玩偶卡通**：玩偶公仔、玩具、貼紙等，可以集中收納到收納櫃。
- **扮家家酒**：兒童廚具組因為體積較大，定位之後就不再移動。
- **黏土、動力沙**：黏土、動力沙跟塑型工具一起收納。
- **零散的小玩具**：視數量收納到合適的收納籃或是盒子裡。
- **布偶、洋娃娃**：收納在床的周邊，找一個櫃子或是檯面，由裡到外由大到小排列。舊的玩偶容易髒且有細菌，建議清洗乾淨，留下孩子最喜歡的 2 ～ 3 個即可。
- **大型玩具**：跳跳馬、木馬等等，放在儲藏室或遊戲室都可以。
- **遊戲地墊**：通常鋪在遊戲室或客廳，若是在客廳，不使用時要收納起來。
- **電動玩具**：掌上型的電動集中收納，分類在玩具的電器類，電視電腦的電動則集中收納在電視電腦的周邊。

戶外用品

- **腳踏車**：可放置在門口收納櫃旁、陽台、遊戲室、儲藏室等。
- **滑板車**：可以拿大箱子集中，直立收納。
- **滑板／蛇板**：可以拿大箱子集中，直立收納。
- **風箏**：收納到櫃子上方的空間，或是直立收納。
- **遙控直升機／汽車**：可以展示在收納櫃最上方，或是收納櫃集中擺放。
- **球類**：舉凡足球、籃球、彈簧球等，以收納籃或漁網袋集中收納。羽球、桌球等可以跟相關的球拍工具一起收納，集中到門口收納櫃、遊戲室、儲藏室等。

STEP 2——抉擇

分門別類之後，父母可以先淘汰一些較舊、有危險性、目前沒有在玩、想送人的玩具。掌握具體的數量之後，再依照類型，集中收納到合適大小的收納籃跟相應的區域。

若父母要讓小孩決定，可以建立抉擇的方式，例如同樣球的類型有 10 個，抉擇出最心動、最喜歡的 2 ～ 3 個即可。

物品沒有分類的話，之後要使用時就會常常找不到東西。

分類好後就知道同類物品的數量，抉擇起來也較容易。

STEP 3——定位

建議父母可以購買形狀大小相同、圖案不同的收納籃，然後分類為：車車的家、玩偶的家……等等。教導小孩收納玩具的方式，當全部收納定位之後，讓小孩一次拿一種類型的玩具，玩完之後再教導小孩先收納好，之後再拿下一種類型的玩具，這樣便能讓小孩從小開始學習收納！

物品準備定位時，要掌握的就是一目瞭然的原則，因此定位前有以下 3 大重點要注意。

將物品分類後，給各種類的玩具一個家，以後找尋物品就方便多了。

- **POINT1：規劃整體空間定位大方向：**例如將書籍、教具，按照類型分門別類由高到低排列整齊。
- **POINT2：從大玩具開始定位：**把大型、不規則的玩具先定位，之後再把同類型玩具收到收納籃，再放進收納櫃，便能輕鬆解決玩具收納的困擾！
- **POINT3：依重量由下而上擺放：**
  - 上 收納較輕、不規則形狀、擺飾品，例如：玩偶、風箏、槍、遙控直升機／汽車等等。
  - 中 創作類或文具相關，例如：繪畫用具、畫紙、貼紙簿、黏土、動力沙、拼圖、拼字卡等等。
  - 下 擺放數量較多、重量較重的玩具組，例如：樂高組、車子、球等等。

實景收納圖解

玩具室擺設的傢俱櫃，通常會有書櫃及收納櫃。

玩具收納櫃

每個櫃子放置不同種類的玩具，可自行定位為車車的家、益智遊戲區等。

❶ 依玩具屬性分類後，各放置在一個櫃子裡，將其定位為專放此區玩具的空間，例如益智類、汽車類等。

❷ 將零散的小玩具放到收納籃裡。

書籍收納櫃

某些家庭是大人與童書共用書櫃，若是童書可衡量孩子身高，盡量放他們能拿取到的位置。

❶ 最上層因拿取不易，可放置擺飾來裝飾。

❷ 書籍按種類、高低來排列，一目瞭然更好拿取。

Column 13

禮物的意義

除了將東西分類及上架之外，我們還會協助客人抉擇，決定留下或淘汰的物品。在經過說明與練習之後，進展都會相當順利，直到……「可是這是之前抽獎抽到的。」「這是我阿姨送我的。」「這是上次去玩的紀念品。」

大家端出類似的理由，想把已經不「需要」也不「心動」的物品留下，不如讓我們換個角度想想送禮人的心情吧！

禮物來到我們的身邊，帶著送禮人滿滿的祝福與心意。送禮的時候一定是希望收禮的人開心、感受到被祝福。然而，當這些不被使用也不喜歡了的禮物，被囤積在家哩，佔據我們的生活空間，我們怎麼會開心？怎麼會感受到祝福呢？這種時候，伴隨著禮物應該存在的幸福意義，蕩然無存。當初送禮的人，無論如何也不希望這種情況發生。

同樣地，抽獎得來的禮物、旅遊帶回來的紀念品也是，應該要滿載著當初的喜悅與記憶，如果這些喜悅，隨著時間和生活型態的改變已經不復存在，那麼再多的眷戀和不捨，也只是徒增自己的困擾罷了。

因為想要保留過去開心感覺，卻反而限制了現在及未來的幸福，這絕對不是禮物的意義！

浴室廁所 BATHROOM

浴室的空間通常比較容易潮濕，所以不耐濕氣跟水氣的物品，請盡量不要擺放在浴室裡，例如吹風機、洗衣機等。

掌握 3 步驟收納術，就能打造乾淨整潔的浴廁。

STEP 1——分類

我們可以參照飯店式的管理，將浴室廁所的空間分為乾濕分離，這樣便能讓整體看起來整齊乾淨。

物品種類

- **沐浴類**：沐浴乳、肥皂、洗髮乳、洗髮精、牙膏、牙刷、漱口杯。
- **布巾類**：浴巾、擦手巾、毛巾、沐浴球、浴帽。
- **用品類**：衛生紙、衛生棉、棉花棒、牙線。
- **清潔類**：馬桶刷、菜瓜布、手套、清潔劑。
- **備品類**：預備的用品衛生紙等等，可以集中收納在層架、收納櫃。

STEP 2——抉擇

回想一下自己的浴室廁所，是不是常有發霉、過期，或是用到一半的瓶瓶罐罐呢？請慎選後並勇敢地丟棄，以免誤用對皮膚造成不良影響！

STEP 3——定位

浴室的擺放原則，建議以「物品不落地、沐浴用品不落地，使用收納籃集中」這個大方向來收納，倘若有男女老少的不同使用者，便可用收納籃分別集中。除此之外，所有的置物架，可以選用白色塑料、不鏽鋼的材質，讓環境看起來乾淨明亮。至於每天使用過的浴巾、毛巾，則可以直接拿到陽台曬乾。

- **POINT1：物品不落地。**
- **POINT2：沐浴用品不落地。**
- **POINT3：使用收納籃集中放置。**

檯面上要盡量保持乾淨整潔。

善用「聯想法」擺放物品

在將各類浴廁物品定位的時候，可以運用「聯想法」，例如將沐浴用品以收納籃集中，擺放至淋浴區周圍。

浴廁物品定位聯想法

物品	放置
肥皂架、肥皂	洗手台水龍頭周圍
牙膏、牙刷、漱口杯	平面的層架跟檯面上
擦手巾	周圍牆面以掛勾吊掛
洗面乳、卸妝清潔用品	鏡櫃或是層架上
清潔類用品	洗臉盆櫃
衛生紙架、衛生紙、衛生棉	馬桶周邊
沐浴用品	以收納籃集中，擺放至淋浴區周圍
洗衣籃	浴室門口
浴巾毛巾備品	浴室門口的收納櫃
毛巾架	牆面

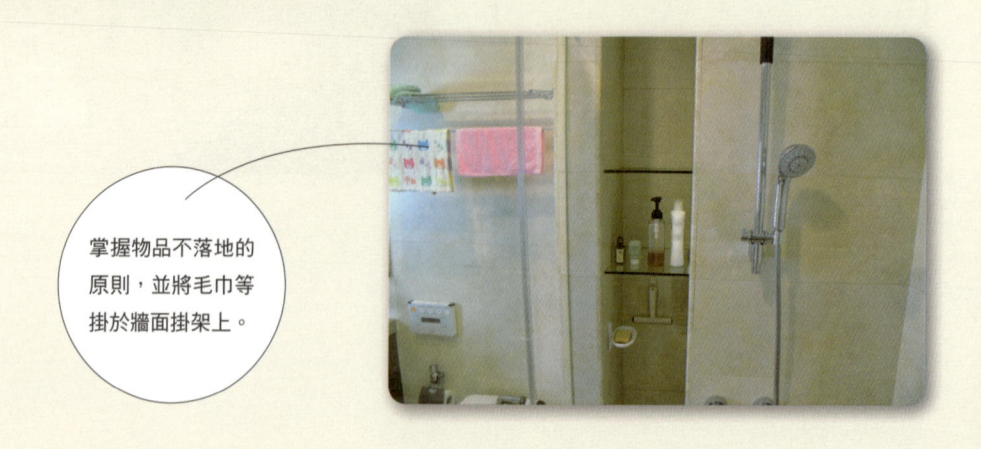

掌握物品不落地的原則，並將毛巾等掛於牆面掛架上。

實景收納圖解

浴廁的空間，可以獨立劃分成不同區塊，底下依區塊來介紹。

洗手檯區

洗手檯上可購買大小合適的收納籃，便於將物品集中收納。

蓮蓬頭區

沐浴用品以不落地為原則，若旁有置物架即可放置沐浴用品。若無置物架則可購買吊掛籃，放沐浴瓶罐，集中不落地。

Tips: 實用的浴廁收納小物！

- **收納籃**：測量好洗手檯櫃子的長寬，購買大小合適的收納籃，便於將物品集中收納。
- **吊掛籃**：可以放沐浴瓶罐，集中不落地。
- **層架、置物架**：放置換洗衣服、浴巾。
- **毛巾架**：盡量擺放在水濺不到地方，以免發霉。

儲藏室 STORAGE ROOM

對於一般人來說，「收納」就是將視線可及的所有物品塞入某個空間內，只要眼不見為淨就好。倘若目前的收納空間不足時，就會循序漸進地朝向更大的收納空間邁進，直到空間無法負荷為止才會開始整理。

一般來說，「收納」演進會有 4 個階段，如下：

❶ 利用手邊的紙袋、塑膠袋，將物品放入作為一個收納空間。

↓

❷ 裝滿小物的零散袋子太多時，就會將裝滿東西的紙袋、塑膠袋塞入抽屜或櫃子中。

↓

❸ 發現抽屜、櫃子空間不夠時，就在某個區域逐漸堆積形成**儲藏室**。

↓

❹ 因為儲藏室塞滿了，只好開始往外延伸，從進門的客廳、茶几、沙發通常都是第一線戰場，接著客廳地板、餐桌直到**整個家都是我的儲藏室**為止。

對於多數的家庭而言，「儲藏室」多半放置日常居家備品、使用次數較少甚至沒在用卻捨不得丟的物品，這些東西**全部放入這個空間就對了**。但不是每個家庭都有一個房間來專門儲物，有些家庭也會利用白鐵層架，擺在家裡的一隅存放物品。

層架屬於開放式收納，通常會擺在家裡的一隅存放物品。

STEP 1——分類

相對於客廳雜物處理，儲藏室則會放置許多備品類、體積較大的物品。儲藏室通常都是只有眼前的物品需要處理，可在步驟 1「分類」時，分出工具類、備品類的物品，例如：衛生紙、面紙、清潔用品，也可以去別的空間找散落在四處的這些物品，統一集中放好。

家電家居品

- **季節性：**電蚊拍、捕蚊燈、電暖器、電風扇。
- **廚房類：**電鍋、料理鍋、麵包機、烤箱、微波爐、果汁機、電磁爐、燉鍋、熱水瓶、快煮壺。
- **生活類：**按摩機器、檯燈、縫紉機、熨斗、空氣清淨機、除濕機。
- **美容類：**吹風機、電捲棒、電動牙刷、刮鬍刀、美容儀、理髮器。
- **家具類：**麻將桌、椅子、床墊、涼蓆、矮櫃、小茶几。
- **家飾類：**地墊、地毯、門簾、蚊帳、捲簾、門簾、坐墊、桌巾、壁貼、鏡子、季節佈置品（過年、萬聖節）。

NOTE！
紅字為建議可以丟掉的物品。

孩童用品

- **玩具類：**大型玩具(充氣城堡、充氣球池、翹翹板、電子琴)、教具、學齡前玩具。
- **哺育類：**水杯、奶瓶、奶嘴、水壺、奶粉盒、奶瓶消毒鍋、食物調理器、餐具、餐椅、副食品保鮮盒、奶粉。
- **衣物類：**尿墊、肚兜、肚圍、口水巾、包屁衣。

生活清潔類

- **生活類：**面紙、口袋面紙、衛生紙、尿布、濕紙巾。
- **用品類：**拖把、掃把、畚箕、吸塵器、抹布、菜瓜布、刷子、垃圾袋。
- **劑品類：**樟腦丸、除蟲用品、除濕劑、洗碗精、小蘇打粉、地板清潔劑、浴室清潔劑、浴廁。浴廁除臭劑、室內除臭劑、水槽清潔劑、肥皂、沐浴乳、洗髮乳。

其他類

- **工具類：**鉗子、鎚子、螺絲起子、工具箱、黏著劑、大膠帶、電動工具、捲尺。
- **備品類：**燈泡、電池、3M 掛勾。
- **紙製品：**紙箱、紙袋文件、回憶相關物品。
- **其他：**塑膠袋、不織布環保袋、垃圾袋裝的一堆舊衣服。

NOTE！
紅字為建議可以丟掉的物品。

大部分家裡的儲藏室，都是放備品類及體積較大的物品，並隨意像這樣擺放。

STEP 2——抉擇

堆滿雜物的空間，可以先將能丟棄的物品處理起來，例如：數不完的塑膠袋、不織布環保袋、紙袋、紙箱等，這樣會讓後續收納的壓力減少，也能增加空間，使我們在進行步驟 1「分類」的動作時，便可以更加流暢。

需視物品種類來做取捨，通常儲藏室最先需要丟棄的雜物為**大量的塑膠袋、紙袋、紙箱、不織布環保袋**，此類東西佔空間且使用頻率不高，留一些就好。接著就是針對**有日期的瓶瓶罐罐**（潔身用品、乳液等），進行篩選，挑出過期的物品。

消耗類的生活類備品、清潔用品，就可以不必抉擇，倘若某物品數量過多，**就可以知道近期內不需再購買**，確認好數量後上架即可。

STEP 3——定位

通常儲藏室的東西物品較雜、體積較大，建議將大型物品置於後方，才不會擋住其他物品。除此之外，為了將定位後的物品更一目瞭然，在定位時也有 3 大重點要考量。

- **POINT1：依物品的高度、使用年限分類放。**
- **POINT2：事先衡量收納空間的高度擺放。**
- **POINT3：依自己的身高、使用習慣來放置。**

實景收納圖解

每個人家中幾乎都會有堆放雜物的區域，不論是將一間空房騰出當儲藏室，或是將層架當儲物架、房間空櫃子當儲藏空間等……這些都可稱為儲藏室。

空房當儲藏室

有些人會將家中的空房當做儲藏室，把不需用到的物品放置在這裡。

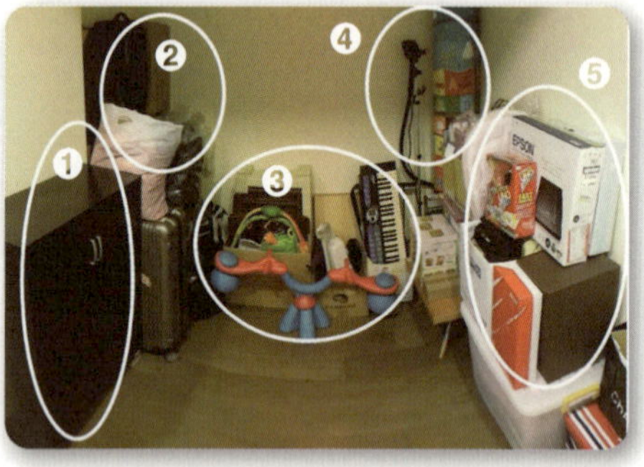

❶ 不使用的鞋櫃，可以儲放衛生備品與消耗品。

❷ 行李箱、數袋未整理的衣服可堆疊放置好。

❸ 孩童的玩具與嬰兒用品可集中放好。

❹ 右後方為孩童大地墊、燙衣服機器，近期內不會使用，故放在角落才不會擋到其他物品。

❺ 右邊為不需要的物品、準備上網拍賣販售，可先放置堆疊。

倘若家中空間不足，沒有儲藏室，可以找角落或是不顯眼處當儲物空間，甚至可利用紙箱當暫時的層架來使用。

層架當儲藏室

家裡空間沒這麼多，無多的空房當儲藏室時，也可利用層架來當儲藏架。

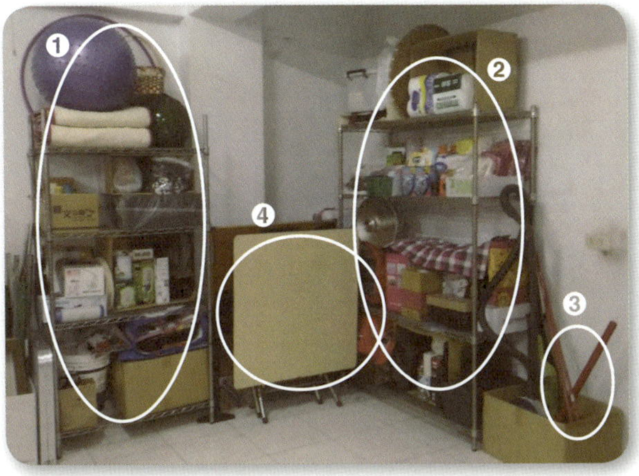

❶ 從上到下為輕的地墊用品、清潔用品、備品、較重的雜物。

❷ 從上到下為衛生備品、清潔用品、電器、較重的雜物。

❸ 最右邊可利用紙箱，做集中掃地用具。

❹ 中間桌子恰巧利用層架間的空隙擺放，收納寬度剛剛好。

房間空櫃子當儲藏室

房間裡的空櫃子也可用來收納備品、雜物，當小型的儲藏室。

圖中是房間利用櫃子收納備品與雜物，倘若收納空間足夠，衛生紙、面紙、尿布等等是屬於使用頻率高的備品，可以放在大人站起約胸口的高度，這類常用物品放置在適合的高度更易取用。

儲藏室

Column 14

與自己約定

「這個月一定要背完這些單字。」

「這些碗等一下再洗好了。」

「衣服睡前再收一收吧。」

我們經常對自己許下關於「未來」的約定，然而，卻總是拖到盡頭才願意去做，或者往往不了了之，為什麼呢？因為不馬上去做「不會怎麼樣」。

➲ 這個月不背完這些單字，不會馬上失業。

➲ 等一下再洗再收的碗和衣服，不會立刻壞損。

但是，其實我們也知道，隨著時間過去……

➲ 已經將英文書束之高閣，留學轉職的理想，終究只是夢想。

➲ 等了一下再洗的碗，要花更多時間和力氣才能清除汙漬。

➲ 睡前好累沒收的衣服，一天堆過一天，最後實在不知道如何開始整理。

我們不知不覺中，破壞了許多「與自己的約定」。甚至在時間的推移之中，漸漸地變成一個沒有自信的人，這樣寫或許令人覺得不可思議，只是因為這麼小的事情就沒有自信嗎？

是的。所謂「自信」就是對自己的信賴，經常破壞與自己約定的自己，的確讓人無法相信，而自信就是在日復一日的生活之中，逐漸流失！請遵守與自己的約定吧！

PART 04

特別企劃篇

收納實戰運用技巧

皮夾收納術！讓皮夾瘦身成功

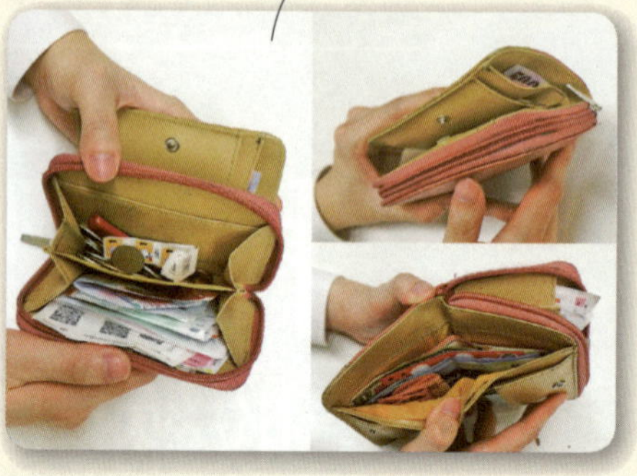

爆量的皮夾，讓
我們變成結帳塞
車的肇事原因。

出門吃個飯，飽餐一頓後要付錢時，「160 元」聽老闆這一句話，開始急急忙忙地翻找零錢，卻又被無數雜物阻礙，東掉一張發票、西掉一張集點貼紙，來自老闆和後方顧客的視線，原來是自己變成結帳塞車的肇事原因……壓力好大！有沒有辦法，不要再因為皮夾被視線圍剿啦？

爆量的皮夾不僅東西難找、礙手礙腳，皮夾本身也會因為被硬塞而變形，無意識中讓愛用的皮夾不成皮夾型，這時我們就要讓皮夾瘦身了！

STEP 1——分類

所有的收納方式，都可以套用「3 步驟收納術」，因此首先我們必須**將皮夾內的物品，全數拿出一件不留，重新檢視皮夾的夾層與規格後，便將拿出來的物品分類，**分類需要仔細且不得馬虎，稍有閃失便會將不屬於皮夾的物品隨手放進，又功虧一簣。

分類後可以看見有紙鈔、硬幣、集點貼紙、購物明細、便條紙、發票，甚至還有一些不明所以的小紙條，了解各種類的總數，才發現原來平常我們都太勉強皮夾，該是重新調整對待皮夾的方式了！

STEP 2——抉擇

多數情況下，皮夾爆量的主因就是隨手放入不屬於皮夾裡的東西，例如過多的零錢、超出卡片格數的卡片、集點貼紙、購物明細、便條紙……等等，在這之中的大魔王就是「發票」！

想要解決爆量的皮夾問題，唯一的方法就是「通通拿出來」！回到原點一想，**皮夾本來的用途就是「外出購物」的配件，讓皮夾回到初衷，規定自己要依照皮夾的規格，只放進「外出購物」的必需品吧！**例如：昨天拿到的發票、上週末買菜清單……等，這些紙條都不是今天出門需要用到的必需品，這對皮夾來說已經是過期品了！

過期品當然就是要將它取出，將當期發票集中，把已完成的購物清單或便條紙回收，讓皮夾回到屬於每一個「今天」的最佳狀態，開始為皮夾瘦身吧！

你的皮夾也是發票、折價券、鈔票全部擠在一起，讓皮夾變形了嗎？

STEP 3——定位

若是皮夾裡只有紙鈔格、5格卡片格、迷你零錢袋，那麼就只放進紙鈔和5張常用隨身卡片，零錢也只放進零錢袋裝得下的量。那剩下的東西怎麼辦呢？可以準備一個卡片包專門放卡片，並**準備一個發票專屬位置**，例如在拿到後就統一放進這個位置集中管理。

若是外出時，手邊沒有這麼多物品可以分裝，就要**維持每天回家清空皮夾的習慣**，這樣不僅可以清點手上的現金數，也能將發票、貼紙等小物品集中，說不定下一期中獎發票，就在這堆紙張之中喔！

皮夾瘦身成功了！看起來更清爽。

NOTE!

皮夾清爽了，最後一步也是決定皮夾生死的一步，那就是「改變習慣、持之以恆」。改變隨手將物品塞進皮夾的習慣，堅守皮夾只放規格裝得下的必需品、切忌超量，這麼一來皮夾可以改頭換面，下次結帳就能更灑脫了！

Tips: 玄關放置零錢盒，出門攜帶夠用金額即可！

老是順手把一整天收到的找零都丟進皮夾裡嗎？其實不需要宛如負重訓練一樣全帶出門，只要在玄關放一個小盒子，將今天全身上下的零錢放進去，晚上想出門買個飲料，或是隔天早上出門要買份報紙，從玄關零錢盒拿夠用金額的零錢出門即可。一來減少身上的重量，二來錢包也能釋放超量的重量及空間，減輕負擔、瘦身成功！

電腦螢幕桌面收納術！有效增加工作效率

你的電腦螢幕桌面是如何收納的呢？若是將檔案隨手存檔在桌面，乍看之下很輕鬆，其實這是個名為輕鬆的陷阱！將檔案都暫存到桌面，想要之後再分類，其實已經大幅影響到開機速度，因為桌面資料夾屬於作業系統資料夾，一般會命名為 C 槽，而電腦開機時會將作業系統 C 槽完全讀取一遍，包含了桌面的所有檔案，全數讀取一遍後才進入桌布畫面。

所以當桌面檔案一多，同時也默默地增加了開機時間，造成電腦運作負擔。除了開機速度、電腦性能被削弱，桌面檔案過多且過雜時，視覺上也會受到干擾，花花的各類檔案塞滿桌面眼花撩亂，大幅影響工作心情。

NOTE!
將電腦螢幕桌面收納乾淨，讓各類檔案好找尋，能有效增加工作效率！

桌面 VS 工作效率測驗：你的桌面屬於下面哪一種呢？

A：桌面塞滿滿	B：留有幾個常用檔案及捷徑	C：只剩下資源回收桶

你是不是總覺得工作做不完、速度很慢？趕快開始進行桌面收納術，提升工作效率吧！	你的工作效率不錯喔！但務必落實下頁介紹的 6 大螢幕收納重點，能更加速你的工作效率！	你的工作效率很好，請繼續保持！將電腦桌面清空，不用擔心開啟軟體不方便，可以將常用的軟體釘選到工具列，就能一個步驟開啟工作囉！

6大收納重點！讓桌面不再亂糟糟

Point1：定期清理資源回收桶

著手整理電腦資料時，會將檔案丟到資源回收桶，但丟到資源回收桶之後呢？如果一直堆著很輕易就會出現上百個、上千個，超乎預料數量的檔案！檔案放在資源回收桶內，仍然會佔用容量，經常清理，可以讓電腦運作保持順暢，因此**若資源回收桶內的檔案確定要廢棄的話，每次都順手清一下吧！**

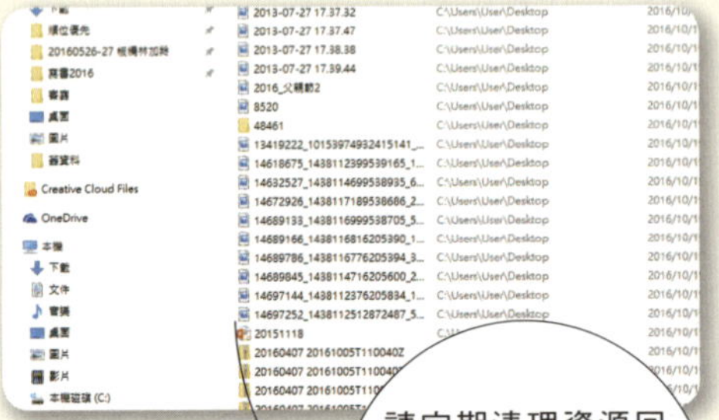

請定期清理資源回收桶內的檔案，否則會佔用系統資源，讓電腦越跑越慢。

Point2：每日清空暫存資料夾

有時需要快速使用，可以設立一個暫存資料夾，設立暫存資料夾要讓自己遵守「每日清空」的原則，若是每天放入 10 個今日暫存檔案，10 天下來就會有 100 個未分類暫存檔案，日子久下來數量非常驚人。

除此之外，當同一位置的資料夾內含檔案數越多，開啟的速度就會越慢，也代表這個資料夾已經放入超量的檔案了。**同一資料夾檔案放得超量，一部分的原因是沒有落實分類，將模糊分類的各類檔案放入同一資料夾中，就好像是把所有衣服摺也不摺丟進衣櫃裡一樣。**落實檔案分類，可以減少開啟資料夾的時間，也能更清晰閱覽資料夾內容。

Point3：檔案命名技巧

因為小小偷懶建立資料夾後就沒有重新命名，使「新增資料夾」、「新增資料夾 (1)」、「新增資料夾 (2)」等等名稱氾濫於電腦各地，找檔案時讓自己不斷迷路，卻又維持著想偷懶的心情開啟新資料夾，日復一日著「今日偷吃步，明日大迷路」的困境嗎？建立資料夾時請確實命名，讓「新增資料夾」家族，從今天起消失在電腦裡吧！

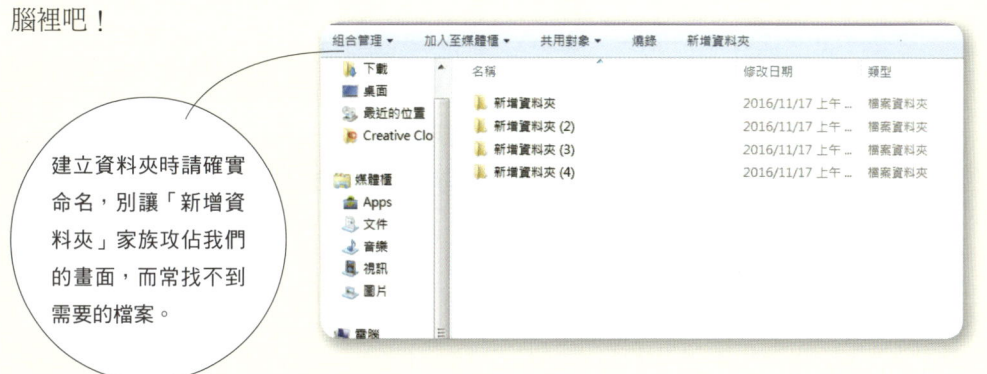

建立資料夾時請確實命名，別讓「新增資料夾」家族攻佔我們的畫面，而常找不到需要的檔案。

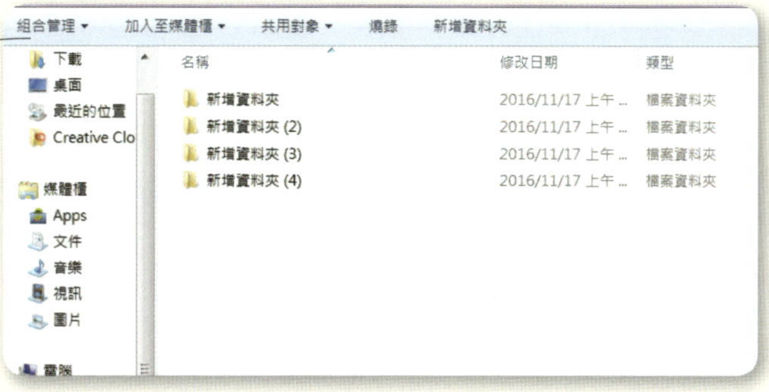

檔案命名小訣竅

- 命名檔案時，建議以數字、英文字母及符號作為開頭時，排序便能更有效率地將同類型歸納在一區。
- 英文字母、數字、符號可當作排序用標籤，中文字則是閱讀用的註解。
- 檔案名稱可加入英文字母 A ～ Z 以及數字 0 ～ 9 當作排序標籤。
- 使用「自動排序：照名字排序」時，又以數字優先於英文字母，排序時可在同分類的檔案開頭加上個 A，排序後會更一目瞭然。
- 標上個分類關鍵字，在使用搜尋功能時能更準確地找到目標檔案，辨識檔案容易，使用搜尋功能就能更精準找到目標檔案，省去手動查找檔案的時間。

善用符號分隔文字

- Windows 系統中有幾種符號不能當成檔名：「/、\、*、?、<、>、|」，其他的符號都可以拿來做命名的小道具。例如：在檔名中加入底線「_」、減號「-」、中括號「[ ]」等命名中可使用的符號，就能使檔案命名時分隔各關鍵字，文意更為清楚。
- 若有更新版本，可以把日期加註在後，避免覆蓋掉檔案。
- 若有正在工作中的檔案，可加入「未完成」、「已完成」的關鍵字區分完整檔案，傳輸檔案時不選錯，同時能避免覆蓋掉完成檔。
- 在製作過程中的檔案較大，完成檔又要精簡到最小容量時，可以將檔案分為「製作檔」、「完成檔」，同時可以保留「製作檔」的製作物件及過程，也能有傳輸便利的「完整檔」可使用。

檔案命名範例

綜合以上幾個檔案命名技巧，可以嘗試命名如下：

- 使用類別 _ 檔案 _ 檔案內容 _ 檔案進度 _ 日期
- 01FB_A 貼文配圖 _1121 貼文 _ 製作檔 _20161012

Point4：善用資料夾排序與搜尋功能

資料夾顯示檔案時，可以選擇分組方式及排序方式，依照時間、檔案類型、檔案名稱、檔案大小，選擇慣用的分組方式、排序方式，可以使資料夾閱覽上更有條理，找資料更不費力。

有多種檔案類型在同一資料夾中時，建議可使用：
「分組方式：檔案類型」+「排序方式：檔案名稱」。

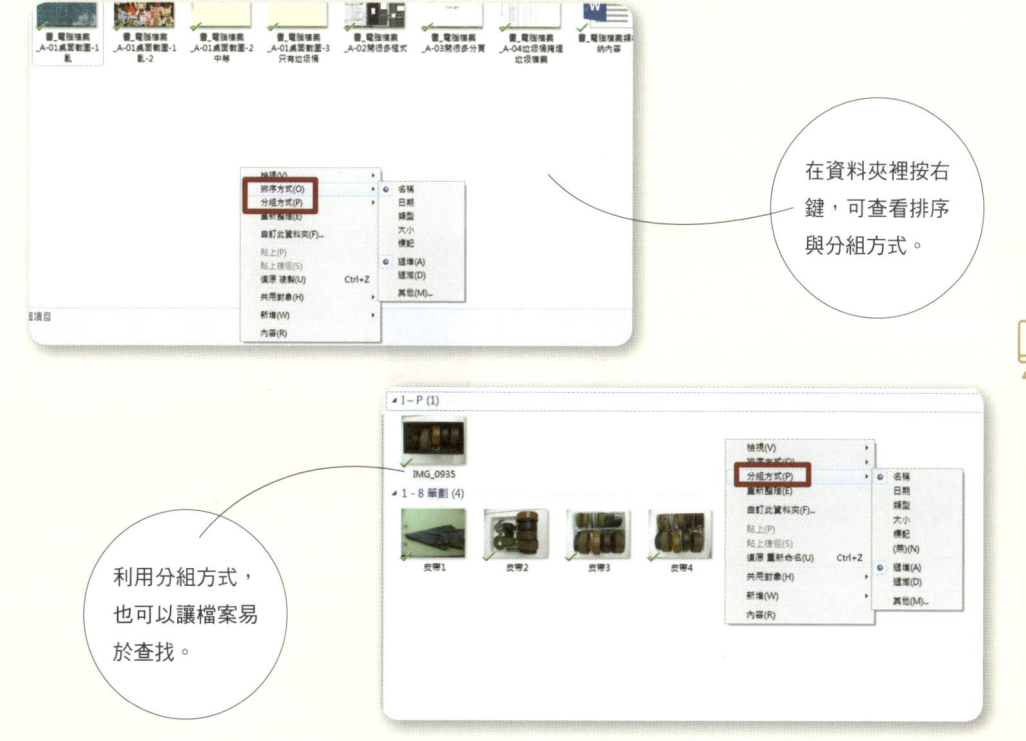

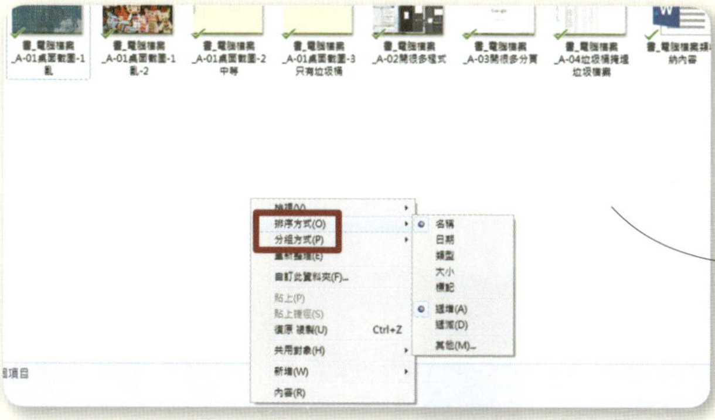

在資料夾裡按右鍵，可查看排序與分組方式。

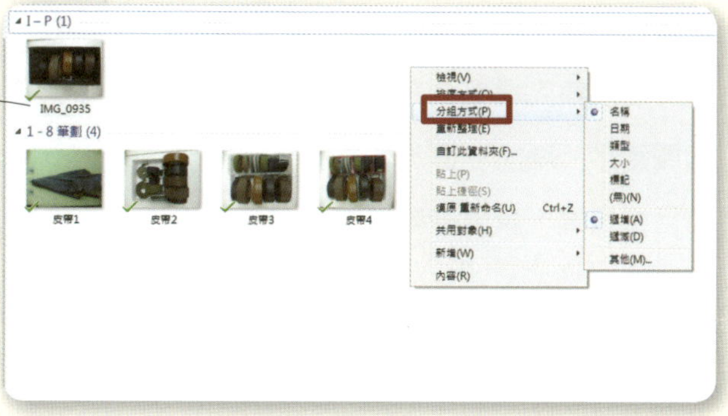

利用分組方式，也可以讓檔案易於查找。

排序方式若選擇檔案名稱時，會依照英文字母 A ～ Z 以及數字 0 ～ 9 排序，照名字排序時又以數字優先於英文字母，排序時可在同分類的檔案開頭加上 A，排序後會更一目瞭然。英文字母數字可當作排序用標籤，中文字則是閱讀用的註解。

使用排序後範例

- 01FB_A 貼文配圖 _1121 貼文 _ 製作檔 _20161012
- 01FB_A 貼文配圖 _1121 貼文 _ 完成檔 _20161013
- 01FB_A 貼文配圖 _1123 貼文 _ 製作檔
- 01FB_B 案例對照 BA 圖 _014 大安區陳小姐 _ 完成檔
- 01FB_B 案例對照 BA 圖 _015 信義區許小姐 _ 製作中 _20161003
- 01FB_B 案例對照 BA 圖 _016 信義區張先生 _ 製作中 _20161003
- 02 部落格 _A 文章配圖 _0913 發文 _ 完成檔

要找檔案時，若是靠著依稀的記憶翻找資料夾，就和現實找東西的動作一樣，無邊無際看不到盡頭。使用搜尋功能輸入檔案命名包含的關鍵字，就能一個步驟找到目標檔案，減少手動搜尋的時間。

按下開始功能鍵，或是快捷鍵 CRTL+F，便能快速開啟搜尋功能。

Point5：減少閒置程式

在工作時常有一口氣要負責各類型事項的狀況，左開一個程式、右開一個程式，不知不覺就開了非常多個，閒置中的程式也是會使用電腦資源，拉低工作效能。讓電腦以及自己能夠在最高效率下運作的好方法，就是先儲存檔案關閉程式，專心將一個任務結束後再開啟下一個程式吧！

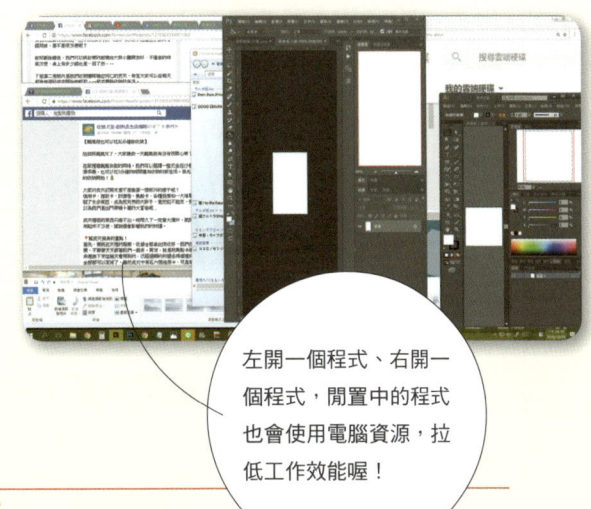

Point6：減少閒置分頁

瀏覽網頁時，常會看到新鮮事就點擊查看，覺得這個展覽好想去，把分頁留著當筆記待會看；這個教學好仔細一定要學起來，把分頁開著待會看；想把今天出去玩的照片貼到各個平台，把分頁都開起來，待會一起發貼文。待會、待會、待會……回頭一看這些「待會」，累積起來已經把分頁壓縮到分不清哪個是哪個了！

這樣不僅無法快速辨識分頁內容，而且也嚴重地消耗掉電腦處理效能。開始改變方式，當下閱讀完資訊即作筆記，閱讀完後將分頁關閉，一次認真完成一件事情，會比分散心神關注十件事有效許多！

Column 15

收納更勝換髮型

分手、懷孕、換工作……許多人在面對重大遭遇時，總會透過換髮型來改變自己的心情、氣勢、態度。有些人甚至笑說髮型設計師，是廣大群眾的心理治療師，這句話一點也不為過。

你知道「收納」也是改造心靈的療方嗎？

剪了短髮希望自己更俐落、燙了大捲髮，好像連穿著都會變得撫媚呢！然而比起髮型，每天一睡醒就會映入眼簾的居家環境，更是在無形中塑造了我們的內在，影響著我們的心情和行為。

看戲的時候，我們不難從戲中的場景，直覺地判斷一個人的背景和個性：擁有大靠背和雙扶手真皮椅的，一定是總裁辦公室；低矮平房和簡陋的木屋，是鄉下的貧窮人家；佈置極簡陳列簡單的，角色個性肯定俐落果斷；桌面雜亂，有成堆文件和便利商店集點公仔的，大概就是剛出社會的便利貼女孩。

"You are what you live."

而我更要說，住在什麼樣的環境，也成就了你，成為什麼樣的人。

所謂「真正的」收納，指的是：短時間內，一鼓作氣將東西全清出來，分類、斷捨、歸納。

在一口氣經歷戲劇化改變的居家環境內，舒心的喝一口茶、一杯酒、褒上一鍋湯。只要經歷過一次這種「節慶式」的整理，就會知道收納不會騙人！收納的改造，是恆久穩定的，只要啟動「收納」機制，這個過程就會不斷循環，由外而內，深層的使人帶來改變。

請想像，每天一打開家門，迎接你的是舒適自在、整潔清爽的環境。眼睛所及之處，都是令你心動的物品，每一個存放在家裡的東西，都真正可用，請張開雙臂，迎接煥然一新的生活吧！

旅行用品收納！快速準備好收易拿

現在人越來越注重生活品質，許多人在工作之餘，也會規劃出國旅遊或是家庭旅行的度假計劃，不過只要一想到出門前要整理行李，還有回家後要收拾行李，都讓人傷透腦筋吧！

你是不是總是在出門前，才東翻西找的把東西塞到行李箱呢？到了目的地發現這個沒帶、那個沒有……還要在人生地不熟的地方找商店購買？即便是出門遊玩，如果沒有做好規劃，一樣可能會敗興而歸，而且人在外地，缺少什麼還要花時間花力氣去找商店購買，多少也佔據了遊玩時間。

Tips: 閒置的行李箱也要收納

- 沒出國的時候，行李箱放在家裡，是不是很佔空間呢？其實行李箱裡面的空間，也可以多加運用喔！例如將小行李箱收納到大行李箱當中，如此一來便可以增加活用的空間。
- 除此之外，只有在旅行時才會使用的物品，也可以一併收在行李箱中，這樣下次出門就知道要帶什麼了！例如：行李秤、行李束帶、行李吊牌、束口袋、旅行分裝瓶、腰包、大小夾鏈袋（鞋子、電線）、購物袋）等等。

旅行小物收納方式

善用洋蔥式穿搭法攜帶衣物

先調查好要去的國家、地區現在的天氣狀況，因應當地的情況還有台灣目前的氣候，來準備相應的衣物。當台灣在寒冬卻要到炎夏的地區時，出門時可以用洋蔥式的穿搭，例如：穿著厚外套裡面穿薄上衣，帶著一套冬衣（這樣回程也可以穿），到了目的地之後，把厚外套收起來即可。行李箱裡準備夏季的衣物，反之亦然。

別帶太多衣物

衣物的數量建議 2 ～ 3 套即可，不用帶太多，除非你都不打算買新衣服！盡可能地攜帶可以互相搭配變化穿搭的衣物，這樣可以減少行李的數量，增加穿著的多樣性。

內衣褲收納

貼身的衣物可以特別用束口袋集中，或是依照個人使用的習慣直接放在衣物中。

保養品收納

囤積好久的試用品，這個時候通通拿出來用吧！但是記得要先檢查使用期限喔！如果沒有囤積的習慣那也很好，直接用旅行分裝瓶（隱形眼鏡盒亦可利用）分裝，依照出門的天數分裝要使用的量即可。若是整瓶的乳液、化妝水、洗面乳等，記得利用保鮮膜包覆在瓶身的擠出口，避免液體流出。

保養品、洗面乳封口可以用保鮮膜包覆，以免擠壓外流。

化妝品收納

化妝品集中在化妝包裡，不要分散使用比較便利，如果有試用品也可以攜帶。

➲ 藥丸盒收納

藥丸盒的分隔功能，可以收納小樣飾品、戒指、耳環……等，非常好用喔！

➲ 沐浴用品不用特別帶

通常居住的旅館都會提供，如果用不慣外面的，可以自行攜帶旅行組。但是千萬不要將旅館的沐浴用品帶回家，這樣只會讓家中的收納殺手越來越多！

➲ 刮鬍刀收納

刮鬍刀的刀片如果沒有保護蓋很容易被割傷，利用長尾夾把刀片的部分夾住，可以避免割傷的危險。

➲ 3C 用品收納

看各地區的插頭是否通用，可攜帶轉接插頭，再視個人需要帶延長線，但是要注意用電安全。相機、手機的電線，可用小夾鏈袋分裝，並將各種 3C 產品集中收納好。

以藥丸盒裝首飾，可預防遺失或交纏在一起。

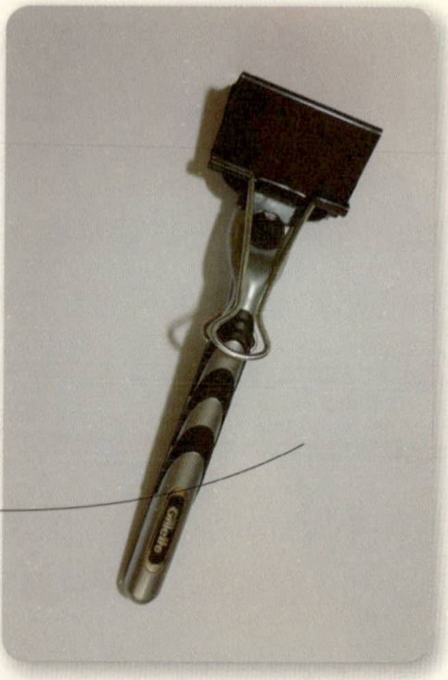

利用長尾夾夾住刮鬍刀的刀片，避免割傷。

旅行推薦收納用品

➲ 腰包（裝重要物品）

主要裝現金、護照、證件等重要物品，切記不離身、要隨身攜帶。

➲ 大夾鏈袋

旅行時可以用來收納鞋子，無論拖鞋、皮鞋、夾腳拖，放到夾鏈袋裡面就不怕弄髒其他物品，可以堆疊在行李箱中。另外，襪子也可以直接收到鞋子裡面喔！

➲ 洗衣袋

回國前，要洗的衣物千萬不要用塑膠袋裝成一包一包，不透氣又容易悶臭，而且看不清楚內容物。我們建議用洗衣袋裝，透氣不悶臭，內容物也看得一清二楚。

➲ 文書盒（裝襯衫）：

若有需要攜帶套裝等服飾，可直接使用掛衣袋，或是放置在 A4 大小的文書盒裡，也有不擠壓、防皺的功效喔！

➲ 購物袋

出門遊玩免不了購物行程，無論伴手禮、紀念品，都建議使用自備的購物袋來裝。那些不環保的包裝、袋子通通退散吧！不要再增加行李的負擔了。

搬家收納超 Easy ！快速打包歸位法

搬家對許多人都不陌生，無論是為了迎接新的家庭成員、整個家庭的搬遷，或是求學搬到學校宿舍，還是因為工作搬到異地……等，每次的轉變都是新的開始。

搬家的經驗許多人都有，讓我們回想一下，你每次搬家時都是這樣嗎？

❶ 沒有規劃：

搬家最怕的就是沒有規劃匆忙救急，許多人因為搬家的日期在即，甚至是前一天才開始準備打包。

❷ 見縫插針：

因為沒有規劃，所以打包時直接拿箱子和袋子塞東西沒有淘汰，見縫插針有空位就放。到新家拆箱後才發現，很多東西早已經不需要，卻浪費了時間和力氣打包跟搬運。

❸ 註記不清：

箱子外面註記了滿滿的各種內容，導致看起來更雜亂。因為沒有註記清楚，所以將客廳的箱子放到了廚房、廚房的箱子放到了臥室，又要再花時間和力氣重新搬運定位。

❹ 東找西找：

等到最勞累的搬運部分結束之後，這才是災難的開始。上廁所要找衛生紙；洗澡要找毛巾、沐浴乳；想喝東西時要找熱水器或是飲料；吃東西時要找筷子湯匙……忙了一天好不容易到了晚上的睡覺時間，卻還在找衣服。

即使所有的東西全都在身邊的箱子裡，但是看得到卻找不到，要使用時更不知從何找起，時間不知不覺就過了一個星期，房子裡卻還是同樣的情景，堆滿了大大小小的箱子。為了避免這樣的悲劇發生，下次搬家前，別忘了先做好事前、事後的準備，才不會上演同樣的悲劇！那麼究竟該如何快速打包歸位搬家物品呢？

BEFORE

AFTER

STEP 1——分類（搬家前）

搬家時當然也可以運用「3 步驟收納術」，只要掌握住這個原則，就能以更輕鬆愉悅的方式，迎接新生活的展開！

首先，先確認好所有要打包搬運的物品跟家具，並且詳細分類，可以先依照**區域**還有**個人**的物品做區分，類別越清楚越好。

例如：
- **區域**：客廳、廚房、臥室……等。
- **個人**：爸爸、媽媽、兄弟姊妹……等。

3 步驟收納術，也適用於搬家打包物品喔！首先第 1 步就是先將各類物品分類好。

STEP 2——抉擇（搬家前）

搬家前，盡可能的淘汰不喜歡、不再適用的物品，這樣不僅能省下搬運的費用和力氣，也省下了定位上架的時間與精力！另外，要淘汰的大型家具、電器等，可以先聯絡各地區的環保局預約收運時間地點後再回收。若是想將物品捐贈給更需要的人，也可以參考本書附錄的捐贈資料（P188）。

抉擇好需要留下的物品後，就要開始進行封箱啦！這個動作非常重要，做得好便可以減少搬家後，上架定位整理的麻煩。

封箱的編號技巧

封箱前，可以列出清單，幫箱子編號註記區域跟內容（可視個人習慣用手機或用紙筆列清單），箱子上只要註明 A1、A2……即可，這樣可以減少箱子上凌亂的內容標示，換箱時也不用塗改，甚至搬運到新家後，可以直接將箱子搬運到該區域就定位。

封箱技巧

- **箱子上編號註記方式：**例如：A 代表客廳、B 代表廚房、C 代表爸媽主臥。編號清單則可以此類推，例如 A1 電器電線、A2 工具、B1 鍋具、B2 餐具……等。
- **一個箱子的物品以一種類別為主：**例如：電器電線、鍋具，若是裝不滿一箱的物品，要在同箱子內盡可能放置同區域的物品，例如：電器電線、工具都是客廳的區域，即可打包在同一箱子內。

各類物品打包技巧

- **抽屜櫃**：如果抽屜櫃內容物沒有要拿出來時，可以事先詢問搬家公司有沒有提供膠膜（又稱棧板膜／工業用保鮮膜），把整個抽屜櫃包起來再搬運。若是要將抽屜的內容拿出來打包，則要註記抽屜每格的內容物。
- **家具、家電**：新家跟舊家的收納空間或家具不同的話，建議事前就先做好規劃，搬家後才能把相應的箱子和傢俱搬運到定位。大型或是不規則的家具家電，可以直接註記區域編號再搬運至相應區域，例如：A 搬至客廳、B 搬至廚房……等等。
- **貴重物品**：個人的存摺、印鑑、金飾、玉鐲……等，若有疑慮建議自行保管搬運，若是有保險箱則可以集中直接搬運。

抉擇後留下的
物品，就要封
箱打包好。
FIRM&TENDER

STEP 3——定位（搬家後）

搬家前，若能事先做好前面 2 個步驟，那麼區域定位的動作就能更事半功倍！定位時，請依照編號的清單來對照箱子的編號，搬運放置到相應的區域，並以現有的收納空間規劃上架定位。這個部分會建議在搬家前，就先考量新家的空間狀態，甚至可以在搬家前先畫好格局圖註記編號，等到搬家後，就能直接依照新家的現狀來做調整跟定位了，例如：A 搬至客廳、B 搬至廚房……等等。

物品定位基本準則

- **下方：**重量較重的物品，放置在收納空間的下方，這樣才不會頭重腳輕。
- **最上或最下方：**不常使用的物品，可以定位在最上方或是最下方。
- **中間地帶：**中間的黃金地段不用爬高、不用蹲，適合收納最常使用的物品。

分類、抉擇的動作做的確實，那在定位上架物品時就能節省很多時間。

搬家收納 Before ！

要搬入美麗的新家了，
你捨得讓這美麗漂亮的家，
又再次慘遭收納殺手的毒害嗎？

搬家收納 After ！

掌握 3 步驟收納術，
分類 ➲ 抉擇 ➲ 定位，
就能快速打包搬家物品，
正確地將物品上架到適合的位置！

後記

你在不知不覺中，把家變成了大型儲物空間嗎？

家裡都有的紙袋、鞋盒、塑膠袋，竟然是佔據空間的收納殺手？

事實證明，這些總認為「未來用得上」的物品，到最後都會變成垃圾！

掌握 3 步驟收納術，有效打擊收納殺手，徹底打造整潔的幸福空間吧！

BEFORE

AFTER

Column 16

收納會傳染

你相信「收納會傳染」嗎？這對於沒有經歷過收納魔力的人，可能難以想像吧！舉例來說，有客戶只請我們幫忙收納一個房間，可能是與公婆同住或其他理由，沒辦法做整體居家空間的改造與規劃。雖然很可惜，但我們還是卯足全力前往，希望為客戶帶來最大改變，創造理想幸福的居家生活。

就在我們收納到一半，神奇的事發生了！原本在家中的其他成員，或者途中回來的家人，竟也開始丟棄堆積已久的雜物。最後透過我們的協助，本來不懂為什麼做收納還要請人幫忙的家人，也加入收納的行列，加速完成了家裡的大改造！

甚至還發生過一件事，在整理完整個臥室的隔天，太太打電話來跟我們說，結婚 8 年從來沒有看過老公摺棉被，但是今天早上刷完牙、回房間時，竟然發現棉被已經摺好了！

更驚人的是，老公摺的棉被竟然比自己摺的漂亮？原來因為以前當兵的時候，有被班長狠狠訓練過！老公說看到癱在床上的棉被和整體畫面格格不入，就很想動手把棉被摺好，維持整潔。

你相信收納會傳染嗎？答案是肯定的！

附錄

抉擇後的物品，該如何處理呢？

相信每個人翻到這本書的最後面，應該都清楚知道收納的基本核心，就是「STEP1 分類→ STEP2 抉擇→ STEP3 定位」。不過抉擇後、還可以使用的物品，該如何處理才不會造成浪費呢？

每次在收納結束離開客戶家前，我們總是會看到大包小包各類型斷捨離的物品，在面對排山倒海的物品時，除了感謝它們曾經存在於自己的生活中之外，建議還可以發揮愛心，幫助這些還可以使用的物品，尋覓新的主人喔！

仔細做好分類，才能進行抉擇。

亂糟糟的書房，讓人看起來很「阿雜」，趕快進行 3 步驟收納術整理吧！

抉擇時的心境轉變

相信很多人在進行「抉擇」時，常常會認為要將還可以用的物品捨棄，是一種「浪費」的行為。其實留著無用的東西，佔據自己居家的空間和生活，才是真正對不起自己呀！事實上，「囤積」而不使用，才是真正的浪費！

放手之後，才有「空間」迎接新事物的到來！

抉擇時你也是這樣想嗎？

☑ 因為覺得會用到，所以留下了……

☑ 不想浪費，所以東西一直不丟……

☑ 贈品不用錢，就通通拿回家……

真正的財富不代表囤積了多少，而是心理要能擁有更多的餘裕，有時候看似擁有很多的情況，其實只是不知道自己真正適合、喜歡的是什麼！放手之後，你才有「空間」迎接新事物的到來！

- **抉擇 Point1：斷捨離並不是浪費！**
  留在身邊堆積不使用才是真正的浪費，不要再為自己的囤積找理由了，馬上出來面對吧！
- **抉擇 Point2：在給予的同時，才能真正地獲得！**
  不要再用堆積物品來填滿自己的空間跟心靈了，用分享讓自己的生活變得更加怦然心動吧！

BEFORE　　AFTER

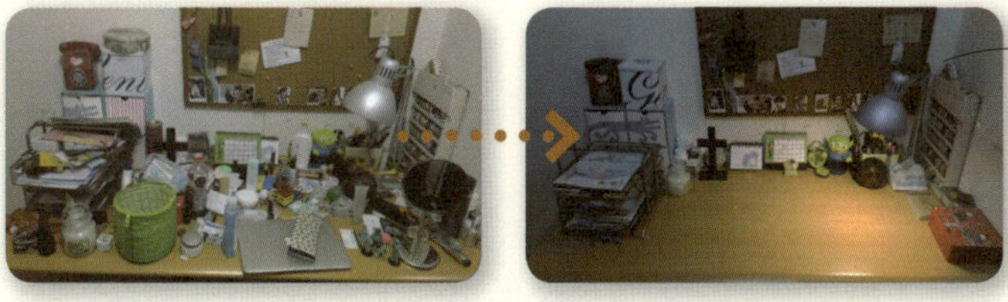

徹底做好分類、抉擇、定位的動作，就能享受收納帶來的魔法！

打造健康的居家環境

做出改變吧，採用更聰明的方式應對世界，或許能幫助你更輕鬆的走上你理想的極簡生活樣貌。

STEP 1 打掃的好幫手——必備好用的清潔劑

❶ 小蘇打粉

小蘇打粉的化學名為「碳酸氫鈉」，是白色的細小晶體，在 50℃時，可以分解為碳酸鈉、二氧化碳及水，溶於水後呈現「弱鹼性」，屬於天然無毒的存在。

購買大包裝的食用性小蘇打粉放在家裡，是非常實用的天然清潔劑。能夠用來清洗蔬果殘留的農藥。或是在 200c.c. 溫水裡加上一大匙小蘇打粉，裝入噴霧容器中，適用於居家各種清潔，像是廚房常存在的油污和水槽的水垢，或是有擦不掉髒污的流理檯、瓦斯爐檯面，甚至是排水口，用在各種酸性污垢及各式頑固物品磨砂清潔用。

家裡各處的清潔，如房間、玄關、地毯、榻榻米、紗窗、窗戶、餐桌、地板等任何有髒污、油垢之處，噴灑小蘇打水後，靜置 1 分鐘，再用吸水海綿擦拭，都可以達到很棒的清潔效果。

洗衣時也可以加入少許小蘇打粉用來消毒及除臭，但一定要徹底溶解後才有幫助，否則容易殘留在衣物纖維中，減短衣物壽命及造成皮膚不適。

❷ 檸檬酸

檸檬酸主要的功能是去除水垢、尿垢、肥皂垢等。可以去除鹼性污垢，或是在氣味較重的空間，如：廁所或寵物用品，用檸檬酸清潔擦拭後，能消除臭味。

水槽的排水管常留下許多污垢，可用檸檬酸加水倒入排水管後，加入一大匙小蘇打粉，蓋上排水管的蓋子，酸鹼中和出現泡沫可清潔管內髒污。勿與含氯清潔劑及漂白水共用，以免產生氯氣導致危害。

❸ 過碳酸鈉

可以去除黴菌及細菌，也能去除頑強的油污。過碳酸鈉是一種氧系漂白劑，常被用來添加於洗衣精、洗衣粉中，它無毒無味，跟小蘇打、檸檬酸一樣屬於天然的清潔劑。

溶於水中的過碳酸鈉，可以分解成過氧化氫（雙氧水）跟碳酸鈉（蘇打），但它跟小蘇打又有點不同，並不只是單純依靠鹼性達到除汙的效果，而是雙氧水跟碳酸鈉會互相作用，達到漂白殺菌跟去汙的效果。

❹ 漂白水

漂白水是一種強而有效的家居消毒劑，主要成分是次氯酸鈉 (Sodium hypochlorite)，能使微生物的蛋白質變質，有效殺滅細菌、真菌及病毒，可使用稀釋的家用漂白水來消毒環境。過量使用漂白水或使用濃度過高的漂白水，會產生有毒物質污染環境，破壞生態。

以 1：99 稀釋家用漂白水（以 10 毫升漂白水混和於 1 公升清水內），可用於一般家居清潔。

使用稀釋漂白水要特別注意，避免用於金屬、羊毛、尼龍、絲綢、染色布料及油漆表面。避免接觸眼睛，請戴上手套使用及清潔。不要與其它家用清潔劑一併或混和使用，避免降低殺菌功能及產生化學作用。當混合於酸性清潔劑，如一些潔廁劑，會產生有毒氣體，可能造成意外。如有需要，應先用清潔劑清潔及用水清洗後，再用漂白水消毒。

未經稀釋的漂白水在太陽光下會釋出有毒氣體，所以應放置於陰涼及兒童接觸不到的地方。經稀釋的漂白水，存放時間越長，殺菌能力便會降低，所以最好在 24 小時內用完。

❺ 酒精

因為新冠病毒流行，大部份的人家裡幾乎都自備 75% 濃度的消毒酒精。除了可以作為手部消毒外，家裡一些無法用水洗的小物品，也可以用酒精擦拭或噴灑來消毒。如：電燈開關、門把或桌面等。

若購買到 95% 的酒精，可以將四杯的 95% 酒精加上一杯煮過的冷水，稀釋後即可以用來消毒。

使用酒精消毒時請保持室內通風，減少室內的酒精濃度，避免產生意外。也不建議噴灑在衣物上，容易因產生靜電而起火。也避免用在廚房或電器，容易因高溫或小火光而引起火災。

建議用抹布沾取酒精擦拭 3C 產品及家具等，但務必讓酒精確實揮發。

STEP 2——除濕機及空氣清淨機

除濕機的好處和使用方法

台灣屬於多雨的潮濕地帶，很多家裡的空間因為太潮濕，有發黴和難聞的氣味，因此使用除濕機可以解決家裡的黴味和塵蟎滋生。一篇發表在《環境健康觀點》（Environmental Health Perspectives）的研究指出，潮濕和黴菌會增加過敏和呼吸系統問題的風險。

因為除濕機較重又佔空間，一般人都是放在角落來使用。但除濕機最好的位置是在空間的正中央位置，最好和牆壁保持 10 ～ 20 公分以上的距離為佳，若能再搭配電風扇或室內循環扇增加空氣對流，則更能夠達到除濕效果。

濕度最好在 50 ～ 60 度，才能抑制塵蟎。為了安全，避免發生意外，建議不要在外出時打開除濕機，可以人在客廳時，房間裡使用除濕機，若在除濕時人也不得已在同個空間時，就要隨時注意，當感到太過乾燥時，就要停止除濕。

除濕時可以將衣櫃抽屜打開，並且關緊門窗，才能有效除濕。並且要定期清洗濾網和水箱，水箱裡的水若沒有倒掉，反而會增加室內的濕度。

除濕機的功能五花八門，請挑選適合的坪數以及可負擔的價格，而且很多除濕機也有包含空氣清淨機的功能，真的可以一機抵二台使用。

空氣清淨機的好處和使用方法

空氣污染及過敏原問題越來越嚴重，有很多機型還有抑制病毒的功能，家裡若能備有一台空氣清淨機，就能減少將有毒物質吸進體內。

請將空氣清淨機放置在靠近人體的位置，例如：睡覺時就放在床邊，才能呼吸到乾淨的空氣。使用時記得要關閉門窗，避免室外的髒空氣流入，但仍需要留有一個縫隙讓空氣流通。進風及出風口也要保持暢通，才不會影響使用效果。

使用前請記得拆掉濾網的封膜，並且要定期清洗及替換，才不會影響效能及浪費電量。建議家裡要購買一台空氣清淨機，保護家人的健康。請根據個人需求和預算來挑選，若家有小孩或有過敏體質的人，請選擇能有效除菌和消滅有害氣體的機型。

（場地：BULUBA 民宿）

STEP 3 ——浴廁清潔方法

廁所裡的物品請儘量不要放置在地面，才不會累積髒污及黴菌。廁所裡最惱人的問題就屬黴菌了，因為要保持完全乾燥實在太難了，因此有以下小方法可以去除煩人的黴菌。另外還有水垢的問題，可以使用市售的除水垢清潔用品，或是小蘇打粉來清除。

在洗澡或洗手之後，請立即擦拭水漬，可以使用刮刀及海綿擦拭，才不易卡水垢及皂垢。

而要減少廁所的難聞氣味，就要隨時保持馬桶的清潔。可以使用市售的馬桶清潔球，每次沖水時，都能立即去除污垢和保持芳香。若仍無法完全清潔尿垢時，也可以使用一些簡單的方法來清潔。

（場地：BULUBA 民宿）

去除黴菌小祕訣：

❶ 將濕紙巾或廚房紙巾浸在漂白水中。
❷ 將紙巾敷在發霉的位置。
❸ 請靜置約 2 小時以上。
❹ 再將紙巾拿下，並用清水刷洗即可。

（使用時請戴上手套及口罩，並保持廁所通風。）

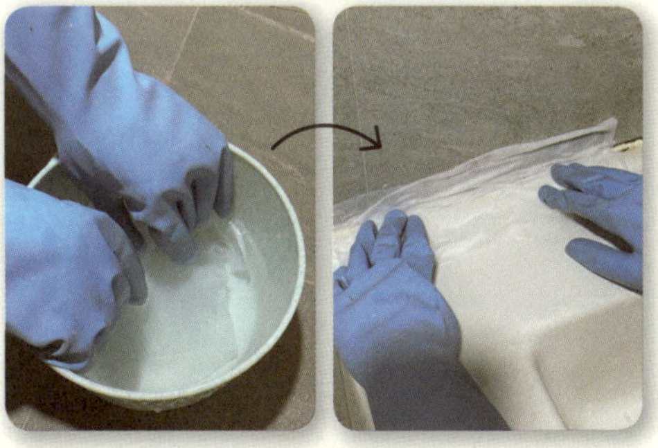
取濕紙巾浸在漂白水中　濕敷在要除黴的位置

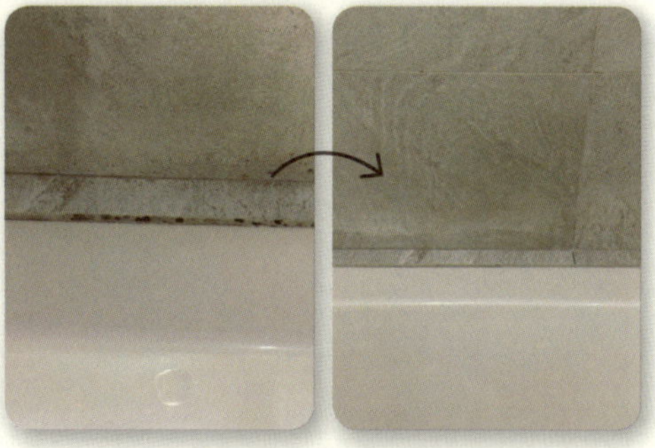
清潔前：滿滿的黴菌　清潔之後

去除水垢小祕訣：

❶ 將廚房紙巾浸在白醋中。
❷ 將紙巾敷在水龍頭上。
❸ 靜置 1 小時以上。
❹ 將紙巾拿下，並用泡棉刷洗。

（場地：晴川禾悅民宿）

❺ 可將菜瓜布沾上小蘇打粉刷洗，更有效果。

（也可以使用檸檬酸水噴灑並靜置 10 分鐘後刷洗。）

水垢佈滿了水龍頭

清潔之後，跟新的一樣

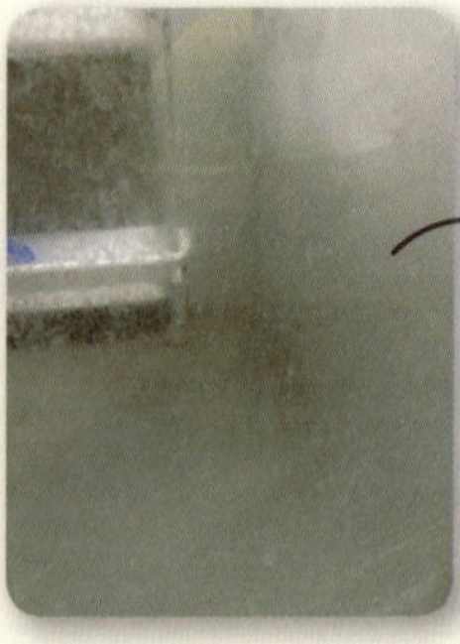

廁所裡玻璃上累積許久的水垢

用檸檬酸水清潔之後，變得很乾淨

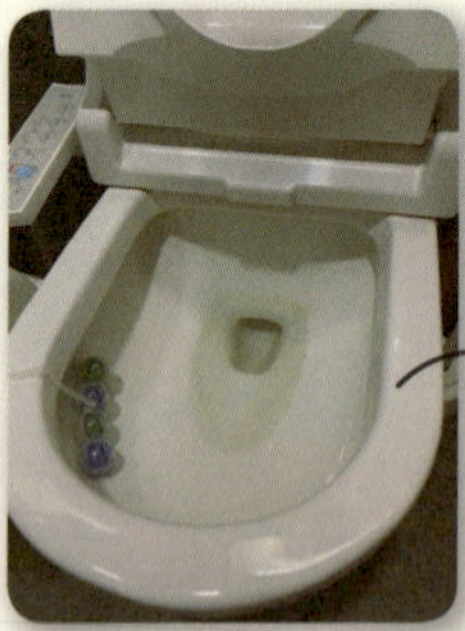

就算常常清洗，仍有些尿垢難以清除

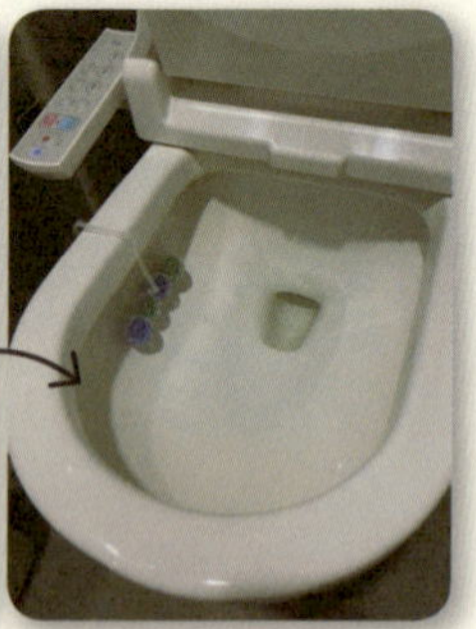

清潔之後尿垢變少了

馬桶清潔小祕訣：

❶ 將小蘇打粉及白醋撒在馬桶裡。

❷ 靜待 20 分鐘以上。

❸ 用馬桶刷清洗。

STEP 4 ——廚房清潔方法

廚房的油漬和髒污往往很難清除，烹調之後若沒有養成隨手清潔的習慣，灰塵加上油污就會變成非常頑固的對手。建議養成良好的隨手整理習慣，讓你的廚房亮晶晶，使打掃廚房變得毫無壓力。

廚房的物品請定期消毒，才不會使家人健康受威脅。吃過的碗盤請當天就清洗晾乾，廚餘也用密封的方式收好，打造乾淨且衛生的環境，才不會吸引蟑螂及其它蚊蟲滋生，帶來其它的病菌。

瓦斯爐架

烹調時難免會噴灑油污或調味料在瓦斯爐上，請看到髒污時就要隨手擦乾淨。用約 40 度溫熱的小蘇打水來擦拭，可以充分將油污擦掉。也可以用煮完麵條的煮麵水來沾濕抹布擦拭，也有不錯的效果，但請在煮麵水還溫熱時使用更有效。

浸泡在溫熱的小蘇打水中

瓦斯爐架建議最好一～二週就要清洗一次。把瓦斯爐架放入放滿熱水的容器裡，並加入 2 大匙的小蘇打粉浸泡 2 小時，再拿菜瓜布刷洗。若油污嚴重則建議放入較大的鍋子，再加入可淹蓋的水，並放入 2 大匙小蘇打粉後開火煮沸。煮開後熄火，靜置 2 到 3 小時，再用菜瓜布刷洗。

廚房牆面

烹調時微熱的牆面是最容易將髒污擦拭掉的時候，可以趁料理時，抓空檔將抹布沾小蘇打水來擦拭。也可以將廚房紙巾沾濕小蘇打水之後，貼在牆面上約 10 分鐘，再用抹布擦拭。

用溫的小蘇打水擦拭

很容易就把油污給擦拭掉

抽油煙機

抽油煙機上的黏膩油漬，真的很難只用清水擦掉，所以平時就要有隨手擦拭抽油煙機外蓋灰塵的習慣，才不致於變得難以處理。可以用廚房紙巾浸泡小蘇打水之後，貼在外蓋上 10 分鐘，再用沾了小蘇打水的抹布擦拭。而濾網二個月就要清洗一次，可以浸泡在溫熱的小蘇打水中 2 小時，再用菜瓜布刷洗。若有洗碗機，也可以再放入用高溫熱水清洗也很方便。

外蓋沾滿了灰塵和油煙，用清水難以擦拭

用浸濕小蘇打水的廚房紙巾濕敷在抽油煙機外蓋

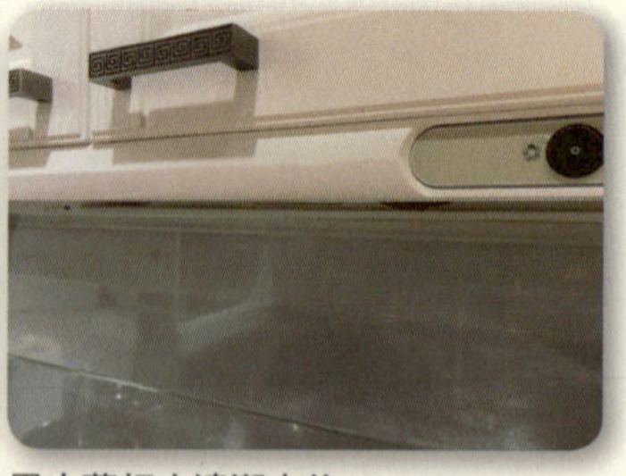

用小蘇打水清潔之後

將濾網浸泡在溫熱的小蘇打水中 2 小時後再刷洗

濾網上原本都是黏稠的油漬和灰塵

濾網清潔之後

微波爐、烤箱及電鍋

清理微波爐時，可以將水倒入耐熱容器中，再滴少許白醋或是擠入檸檬汁，接著放進微波爐內加熱 3 分鐘，時間到了不要馬上打開，先放置約 5 分鐘，讓蒸氣充分附著在內部。之後再用濕抹布擦拭，並打開蓋子風乾後即可。轉盤可以拆下來用溫熱水和清潔劑洗淨。

而烤箱則是利用小蘇打粉加白醋混合成小蘇打糊，不要太濕要糊狀的。用菜瓜布沾取後塗抹在髒污位置，並靜置幾小時後，再用菜瓜布刷掉污漬，並用抹布擦拭。

電鍋請每次使用後都要隨手擦拭並打開鍋蓋通風，若內鍋有髒污時，可以倒入白醋水及檸檬水，靜置 3 小時後用菜瓜布刷洗，用抹布擦拭乾淨即可。

請養成隨時擦拭及保持乾淨的習慣，一旦污漬累積太久沒有清除，再用來烹調食物時則會影響健康。

電鍋底部黃色的污垢

電鍋清潔之後

流理台

每天使用完流理台後，可以灑上小蘇打粉再刷洗一次流理台。可以用檸檬酸加水，噴在水龍頭及水垢處，靜置 10 分鐘左右，再用菜瓜布和抹布擦洗。小蘇打粉和檸檬酸不能加在一起使用，酸性和鹼性加在一起就變成中性，就沒有清潔的作用了，所以請分開使用。

滿是水垢的流理台

流理台清潔之後變得亮晶晶的

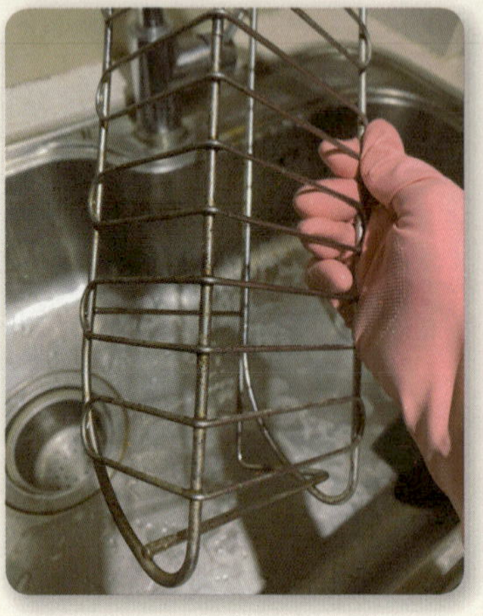
流理台鐵架也是累積很多污垢

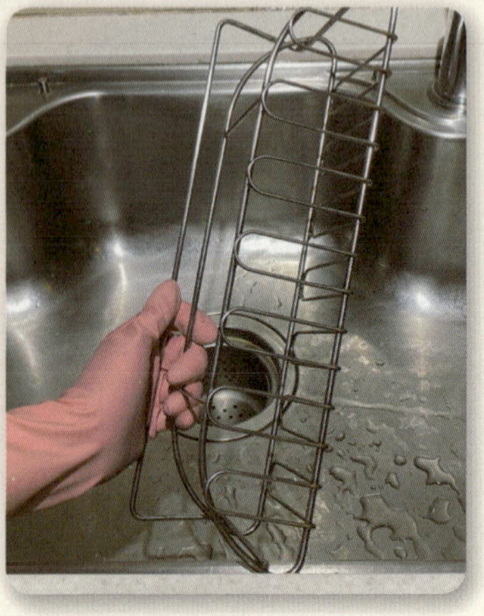
用檸檬酸水清潔之後

餐具及廚房用品

餐具或抹布等物品，定期用熱水煮沸消毒，或是清洗時加入小蘇打粉清洗，並充分晾乾。

菜瓜布、抹布等廚房用品，用淘汰的鍋子每天煮沸消毒

保溫瓶或杯子茶漬

可以將保溫瓶零件拆下來浸泡在溫熱水裡，並加入一匙小蘇打粉、一點洗碗精，浸泡約一小時即可沖洗。污垢若非常嚴重，浸泡時間可以延長。

佈滿茶垢的保溫杯

使用小蘇打粉清潔之後

清潔燒焦鍋具

燒焦的鍋底其實不需要用力刷，當鍋底焦黑或是鍋子的鍋身泛黃了，可以倒一些食用的小蘇打粉在鍋內，加入一些水，混和略為濃稠，用小火煮沸，或是用電鍋加熱，熄火放涼靜置一晚，隔天就可以很輕易的刷洗乾淨。

STEP 5 ——小孩的玩具消毒

有小孩的家庭，一定有滿滿的玩具和文具要整理及清潔。玩具常常隨手亂丟，並且外出時也會帶出去使用，玩具上想必沾染了許多細菌，因此建議定期一～二週就要進行消毒，避免影響到家中寶貝的健康。

1. 地墊

地墊建議每週都要清潔，若是地毯類的墊子除了清洗，也要趁大太陽時放到戶外曝曬滅菌。若是一般遊戲地墊，可以每天都用酒精及消毒用品擦拭風乾。

2. 玩具收納盒

收納玩具的箱子及收納盒，也要定期將玩具取出另外放置，並清洗收納盒曬乾。收納盒常會堆積灰塵污垢，若是能夠清洗就用清水洗淨後，再用酒精擦拭晾乾。取出的玩具也請消毒後，再放回收納盒裡。

3. 玩具清潔

玩具若能用水清洗的則建議用小蘇打水清洗，再晾乾。若是不能碰水的，可以用酒精擦拭風乾。而絨毛玩具則建議儘量不要購買，若要買請購買可以拆洗的，並且要經常曝曬殺菌。

收納盒裡也會充滿灰塵，最好每個月都要清洗、消毒。

可以清洗的玩具則建議用水清洗，並用牙刷將縫隙的髒污清除。

STEP 6——無壓力的順手打掃習慣

廚房裡的油煙會飄到客廳，和客廳的灰塵混合後就會形成難以清除的污漬。所以每天都要養成清掃灰塵的習慣。而房子裡的異味和濕氣，也與廁所習習相關。因此家裡所有空間的髒污及清潔關係，都是環環相扣的。因此養成隨手打掃各個空間的習慣非常重要。

客廳

客廳可以善用掃地機器人及吸塵器，每天一次或二、三天一次，全面清除家裡的灰塵。並且用稀釋後的漂白水拖地，消毒滅菌。隨手拿著酒精水和濕抹布擦拭桌面，以及遙控器和電器開關等。用小蘇打水擦拭牆壁汙垢，並且每週都要替換沙發套或地毯等。

（場地：晴川禾悅民宿）

（場地： BULUBA 民宿）

臥房

床單、枕頭套及被單也要經常替換，並常常拿去曬太陽消菌。床墊可以用吸塵器將皮屑及塵蟎吸起。窗簾可以用酒精水噴灑後風乾，以避免發霉。若是有異味則可以噴灑小蘇打水，但最好的方法是要定期清洗及曝曬。

房內的灰塵用酒精水擦拭，衣櫃則可以在換季時，將衣物全部取出，並用乾淨的抹布浸泡酒精水後擦拭櫃子內，若灰塵多則可以先用吸塵器吸乾淨之後再擦拭。

廚房

料理時請隨手擦拭髒污處，廚餘也要每天丟棄，才不易滋生蚊蟲等。使用過後的餐具請風乾後收到櫃子裡，才不易沾上灰塵造成健康疑慮。

在料理時請務必開啟抽油煙機，避免油煙飄散在家裡各處，如果可以請關上廚房門避免飄散。使用後請養成隨手消毒廚房用品。其實只要簡單的烹調也能很美味，同時事後你要整理的物品數量也會減少，帶給健康的負擔也減少。

浴室

浴室是全家所有黴菌及濕氣的源頭，因此保持乾躁就是最重要的工作。每天上

（場地：BULUBA 民宿）

（場地：小公館人文旅舍）

完廁所後用酒精水隨手擦拭馬桶，洗手完用廁所抹布擦乾四周，洗完澡用玻璃刮刀去除水痕。隨手的良好習慣，都能減少你以後的打掃時間，同時家裡也能變得更清新。

睡前的習慣

每天睡前請巡視一下家裡，把家裡的物品回歸到原位，東西整理整齊，每天用過的杯子、碗盤都要當天洗淨，養成不拖拉的生活習慣，你的生活也變得更加輕鬆了！整理家務的時間越來越短，這就是收納和極簡的最大好處。

（場地：小公館人文旅舍）

物資捐贈單位清單

回收物品	單位名稱	聯絡資訊
衣服、包包、鞋子	心怡舊衣收集 （提供到府回收）	台北市文山區景明街 16 號 02-2931-2001、02-2931-7127 donutlion@gmail.com http://www.hsinye-spring.org.tw/index.php?module=faq&mn=1
棉被、床單、被單	快樂動物花園	02-2662-0375 ghaa.tw@gmail.com www.doghome.org.tw https://www.facebook.com/doghome
書籍、二手書	愛閱二手書坊 （支持身心障礙人士就業的自立書店）	台北市大安區泰順街 2 號 3 樓 02-2364-1665、0911-848-013 https://www.facebook.com/lovereadbook/
書籍、二手書	茉莉二手書店	台北市中正區羅斯福路四段 40 巷 2 號 1 樓 02-2369-2780 http://www.mollie.com.tw/News_List.asp
家用品、文具圖書	家扶基金會	台中市西區民權路 234 號 12 樓（會本部） 0800-078-585 http://www.ccf.org.tw/ https://www.facebook.com/TFCF1/
遊戲、玩具、電動	夢想遊園地	臺北市青年路 184 號 0933-466-710 http://www.dream.org.tw https://www.facebook.com/justlovingplay/timeline
各類型物資	iGoods 愛物資	台北市中正區中華路一段 77 號 6 樓之 1 02-8978-2392 http://igoods.tw/Index/Index.aspx https://www.facebook.com/igoods
食物	安得烈食物銀行 （協助清寒及弱勢孩童免於飢餓）	新北市新莊區五工路 99-2 號 5 樓（台北總部） 02-2290-2248 mail@chaca.org.tw https://www.chaca.org.tw/? 全國各地捐贈資訊連結 https://www.chaca.org.tw/?donate=show_program&programid=1000007

回收物品	單位名稱	聯絡資訊
二手物資	光仁二手商品館（庇護職場）	新北市中和區連城路 456 巷 1 號 02-2225-4578 recycle.kjswf@msa.hinet.net http://www.kjswf.org.tw/page.php?menu_id=25&new_id=96
二手物資	五味屋	花蓮縣壽豐鄉豐山村站前街 34 號（請註明於週六、日送達，其餘時間無法收件） 03-865-6922（週末）或 0910-656-922（週間） http://www.5wayhouse.org/index.html ★物資需求說明 http://www.5wayhouse.org/sec04p01.html
玩具	台灣玩具圖書館協會	桃園縣平鎮市廣平街 1 號（復旦國小內）台灣玩具圖書館全國資源中心 03-281-3097 tw.toylibrary@gmail.com http://www.tw-toylibrary.org/index.php
玩具	玩具銀行	新北市板橋區文化路一段 18 號 02-2966-3503 toybankntpc@gmail.com 全國各地捐贈資訊連結：http://toybank.ntpc.gov.tw/toybank/donation.php http://toybank.ntpc.gov.tw/toybank/index.php
棉被、枕頭等物資	財團法人台北市私立陽明養護中心	台北市北投區公館路 209 巷 18 號 02-2891-2563 http://www.ymbt.org.tw/dispPageBox/ymbtCt.aspx?ddsPageID=YMBTCOLLECT2&
棉被、枕頭等物資	基督教恩友中心	台北市大安區忠孝東路三段 248 巷 19 弄 36 號 02-2751-5345 ★總會聯絡時間：AM09：00～PM18：00 ★全國各地捐贈資訊連結： http://www.good119.org/index.php/tw/stronghold http://www.good119.org/index.php/tw/ ★捐贈地點：全國，每個據點需求不同，所以建議先致電連絡。
除報紙、雜誌外	社企市集（昌盛教育基金會）	台北市艋舺大道 194 號（萬華區中途之家） ★請先來電 0987-103-613 與志工約定接收時間。 http://blog.roodo.com/holidayy2013/archives/ 25973916.html

★ 本表資料如有異動或錯誤，請以各單位官方網站為準。

★ 台北市資源回收分類方式項目：
http://www.dep.gov.taipei/ct.asp?xItem=1541239&ctNode=41074&mp=110001

★ 台北市資源回收日期回收種類：
週一、五收平面類，包括紙類、乾淨舊衣類、乾淨塑膠袋、舊書。
週二、四、六收立體類，包括乾淨保麗龍、一般類（瓶罐、容器、小家電等）。

Orange Life 36

一收到位（全新增訂版）
——打造出待客、生活、休息都自在的宜人居家

作者：韌與柔生活團隊、橙實編輯部

出版發行
橙實文化有限公司 CHENG SHI Publishing Co., Ltd
客服專線／（03）381-1618

作　者	韌與柔生活團隊、橙實編輯部
總編輯	于筱芬
副總編輯	謝穎昇
業務經理	陳順龍
美術編輯	亞樂設計有限公司
製版／印刷／裝訂	皇甫彩藝印刷股份有限公司
贊助廠商	樹德 SHUTER est. 1969 always there for you 一直就在你身邊

編輯中心
桃園市中壢區永昌路147號2樓
2F., No. 147, Yongchang Rd., Zhongli Dist., Taoyuan City 320014, Taiwan (R.O.C.)
TEL／（886）3-381-1618　FAX／（886）3-381-1620
Mail：Orangestylish@gmail.com
粉絲團 https://www.facebook.com/OrangeStylish/

經銷商
聯合發行股份有限公司
ADD／新北市新店區寶橋路 235 巷弄 6 弄 6 號 2 樓
TEL／（886）2-2917-8022　FAX／（886）2-2915-8614

出版日期 2024 年8月 二版